U0232599

中国科普大奖图书典藏书系

三位猿姑娘

张　锋◎著

长江出版传媒　湖北科学技术出版社

图书在版编目(CIP)数据

三位猿姑娘 / 张锋著.—武汉:湖北科学技术出版社,2021.8
(中国科普大奖图书典藏书系 / 叶永烈,刘嘉麒主编)
ISBN 978-7-5706-1597-1

Ⅰ.三… Ⅱ.①张… Ⅲ.①猩猩—青少年读物
Ⅳ.①Q959.848-49

中国版本图书馆 CIP 数据核字(2021)第 142710 号

三位猿姑娘
SANWEI YUANGUNIANG

责任编辑:宋志阳	封面设计:胡 博
出版发行:湖北科学技术出版社	电话:027-87679442
地 址:武汉市雄楚大街 268 号	
(湖北出版文化城 B 座 13—14 层)	邮编:430070
网 址:http://www.HBSTP.com.cn	
印 刷:湖北新华印务有限公司	邮编:430035

700×1000 1/16	12.25 印张 2 插页 160 千字
2021 年 8 月第 1 版	2021 年 8 月第 1 次印刷
	定 价:30.00 元

　　我热烈祝贺"中国科普大奖图书典藏书系"的出版！"空谈误国，实干兴邦。"习近平同志在参观《复兴之路》展览时讲得多么深刻！本书系的出版，正是科普工作实干的具体体现。

　　科普工作是一项功在当代、利在千秋的重要事业。1953年，毛泽东同志视察中国科学院紫金山天文台时说："我们要多向群众介绍科学知识。"1988年，邓小平同志提出"科学技术是第一生产力"，而科学技术研究和科学技术普及是科学技术发展的双翼。1995年，江泽民同志提出在全国实施科教兴国战略，而科普工作是科教兴国战略的一个重要组成部分。2003年，胡锦涛同志提出的科学发展观既是科普工作的指导方针，又是科普工作的重要宣传内容；不是科学的发展，实质上就谈不上真正的可持续发展。

　　科普创作肩负着传播知识、激发兴趣、启迪智慧的重要责任。"科学求真，人文求善"，同时求美，优秀的科普作品不仅能带给人们真、善、美的阅读体验，还能引人深思，激发人们的求知欲、好奇心与创造力，从而提高个人乃至全民的科学文化素质。国民素质是第一国力。教育的宗旨，科普的目的，就是为了提高国民素质。只有全民的综合素质提高了，中国才有可能屹立于世界民族之林，才有可能实现习近平同志提出的中华民族的伟大复兴这个中国梦！

　　新中国成立以来，我国的科普事业经历了：1949—1965年的创立与发展阶段；1966—1976年的中断与恢复阶段；1977—

1990 年的恢复与发展阶段；1991—1999 年的繁荣与进步阶段；2000 年至今的创新发展阶段。60 多年过去了，我国的科技水平已达到"可上九天揽月，可下五洋捉鳖"的地步，而伴随着我国社会主义事业日新月异的发展，我国的科普工作也早已是一派蒸蒸日上、欣欣向荣的景象，结出了累累硕果。同时，展望明天，科普工作如同科技工作，任务更加伟大、艰巨，前景更加辉煌、喜人。

"中国科普大奖图书典藏书系"正是在这 60 多年间，我国高水平原创科普作品的一次集中展示。书系中一部部不同时期、不同作者、不同题材、不同风格的优秀科普作品生动地反映出新中国成立以来中国科普创作走过的光辉历程。为了保证书系的高品位和高质量，编委会制定了严格的选编标准和原则：①获得图书大奖的科普作品、科学文艺作品（包括科幻小说、科学小品、科学童话、科学诗歌、科学传记等）；②曾经产生很大影响、入选中小学教材的科普作家的作品；③弘扬科学精神、普及科学知识、传播科学方法，时代精神与人文精神俱佳的优秀科普作品；④每个作家只选编一部代表作。

在长长的书名和作者名单中，我看到了许多耳熟能详的名字，备感亲切。作者中有许多我国科技界、文化界、教育界的老前辈，其中有些已经过世；也有许多一直为科普事业辛勤耕耘的我的同事或同行；更有许多近年来在科普作品创作中取得突出成绩的后起之秀。在此，向他们致以崇高的敬意！

科普事业需要传承，需要发展，更需要开拓、创新！当今世界的科学技术在飞速发展、日新月异，人们的生活习惯和工作节奏也随着科学技术的进步在迅速变化。新的形势要求科普创作跟上时代的脚步，不断更新、创新。这就需要有更多的有志之士加入到科普创作的队伍中来，只有新的科普创作者不断涌现，新的优秀科普作品层出不穷，我国的科普事业才能继往开来，不断焕发出新的生命力，不断为推动科技发展、为提高国民素质做出更好、更多、更新的贡献。

"中国科普大奖图书典藏书系"承载着新中国成立60多年来科普创作的历史——历史是辉煌的，今天是美好的！未来是更加辉煌、更加美好的。我深信，我国社会各界有志之士一定会共同努力，把我国的科普事业推向新的高度，为全面建成小康社会和实现中华民族的伟大复兴做出我们应有的贡献！"会当凌绝顶，一览众山小"！

中国科学院院士
华中科技大学教授　　杨叔子　二〇一二九·廿八

目 录

追随猿踪 39 年

血洒雨林为大猿

猩猩"养母"和她的"子女"

我与科学世界

大自然令我迷恋

我的少年时代是在江南水乡度过的,"千里莺啼绿映红"的景色,使我领略了大自然的美,从小萌生了对动物的迷恋和痴情。

记得在浙江宁波上小学时,家门前有条小河。每逢春天,正是乌鳢(lǐ)鱼产卵的时节,波光粼粼的河面上,偶尔发现刚孵出的幼鱼跟随在母鱼的身后,泛起一片金黄,引得我们几个小伙伴又蹦又跳,兴奋不已。慢慢地,我就熟悉了乌鳢鱼的脾性。这种鱼生性暴烈,稍有惊动,它就会猛地跃起。若要叫它上钩也容易,你只要在钓钩上钩个小青蛙,悄悄凑到它面前,它一旦看到了就会一口吞下,成功自是十拿九稳的。相比之下,鲤鱼就不同了,只要是尝过鱼饵稍有经验的,它就善于与人周旋,显得狡猾多了。

那时候一到学校放暑假,我最大的乐趣就是去河边垂钓,整日价(jie)和这些脾性不同的鱼儿打交道。记得有一次,正是春汛时节,我来到小河边垂钓。正在静静等待之时,突然浮子猛地下沉,我使尽全身力气甩动钓竿,在阳光下,一条拼力挣扎着的鳗鱼被拉出了水面,划过一道美丽的银白色弧线,飞入我的手中。当时手上那种沉甸甸的感觉和心中那份惊喜至今仍记忆犹新。此外,我还逮过螃蟹,抓过蟋蟀,捉过金龟子……我自忖,对动物世界的热爱和广泛接触,成了我少年时代生活中不可缺少的一部分。从这些接触中,我琢磨出每一种动物都有它们自己独特的习性、脾气和爱憎,有它们自己独有的栖息地、食谱和天敌。

大诗人歌德说得好："她（大自然）是举世无双的艺术家——她用最简单的材料造出了一个大千世界……她的每一个造型均独具一格"，"她把我置于这个世界，又要把我领出这个世界。我把自己寄托给她"。正是如此，生物世界的多样性和复杂性，它那无比丰富和博大的内涵，第一次粗线条地呈现在少年的我的视野内时就深深地吸引了我。也正是少年时代对自然界的迷恋、痴情和粗浅观察所得，和我后来大半生所从事的动物科普创作发生了关联，并最终引导我走上了这条漫长的创作道路。

在我后来创作的科普作品中，形形色色的动物仍是主角，它们无不具有丰富的个性和复杂的表现。狮子一向以勇猛著称，可是事实上它们（尤其是雄狮）往往可以在非洲草原上懒洋洋地躺上大半天，几乎无所事事；狼素来遭到人们的厌恶和畏惧，可是它们却过着高度发展的群居生活，很少自相残杀，也不会无故滥杀；大猩猩体格硕大强壮，捶胸时抡起双臂凶残吓人，然而事实上它们（大部分时间里）却是胆小而温和的……总之，动物的行为规律，不能简单、片面地认识。动物界的真相，往往和纯文学的描述相悖（bèi）。

只有亲身投入大自然怀抱的人，才会获得真知。我的这一结论似乎从自己少年时代对大自然的观察中就得到了印证。

读者对科学的渴求令我震撼

读书之乐乐无穷
花木自由和春风

小学时熟稔（rěn）的这句歌词，至今仍萦（yíng）回耳畔。由于父亲失业，家道中落，我的少年时代是在动荡困顿中度过的。然而物质的贫乏却更激起了我对读书的渴望和兴趣，并能时时享受到大自然的爱抚。少年的我，既对文学有着强烈的爱好，又在生物学等理科上取得了较好的成绩——这一点似乎比时下因课业过重而疲惫不堪的中小学生们幸运得多。新中国成立后不久，我进了省城杭州市的重点中学，并于1957年考入北京大学生物系。那时我年少气盛，正做着当一名巴甫洛夫那样的大科学家的美梦，在系内自发办起的抗衰老研究小组的通讯上，时时发表一些出语惊人的"高论"。然而，理想总该扎根于现实的土壤中，于是6年后，我到科学出版社当了一名编辑。

1972年年末，我来到了中国科学院古脊椎动物与古人类研究所，担任新创办的科普刊物《化石》的编辑。这是我人生旅途中一个重要的转折点，因为在这里我真正感受到了群众对科学的如饥似渴的追求，找到了将自己的科学知识和群众结合起来的途径。我的科普创作也正是从这儿起步的。

《化石》这份每年出版两期的科普刊物在1973年初办时并不惹人注意，连它的刊名也叫人深感枯燥乏味。然而由于编者和作者（大多是年轻人）对这块科普阵地的钟爱，并且采用活泼轻松的笔调铺陈科学，不时又发表些文艺体裁的科学小说和科学诗，它渐渐地竟得到了读者的青睐。这份刊物传到一名用龙骨治病的老中医手中时，被其视为至宝；一位津郊的年轻地质队员因遍寻本刊未得，来函求购，并说若购刊无望，想借刊物一读，甚至想整本抄下来；编辑部还接连收到读者来信，建议《化石》从半年刊改为季刊，甚至月刊、半月刊。由于读者的支持，到1975年，短短两年时间，该刊发行数就从创刊时的5000份增加到50000份。

刊物受到的这份厚爱是我们未曾料到的，也许在刊物多如牛毛的今天叙述这段历史，大家未必会相信。这也引起了我深深的思索：一份学科生僻的科普刊物何以对读者有这般神奇的吸引力？这只能说明，在当时文化园地万木萧疏、全国仅有屈指可数的几份科普刊物的情况下，广大读者的需求难以得到满足，而这仅有的几份刊物多少填补了一些空白。

正是时代和广大读者对科学的渴求构成的巨大推动力，推动我和我们的作者投身于此项科学普及的崇高事业之中。我们在努力普及古生物学、古人类学知识的同时，也将沧海桑田、新老更迭的哲理告诉读者，让他们从地球上三十多亿年的生物发展史和数百万年的人类发展史中，领会事物发展的辩证法。化腐朽为神奇，变死物为活物——正是通过这条科学普及的途径，让读者懂得化石是地球古老历史巨著中的一页、生命发展历史长途中的一个驿站，使《化石》这份科普刊物成为推出数不尽的大自然话剧的理想舞台。因此我并不看轻自己从事的《化石》编辑工作。实践无疑加深了我对科普工作重要意义的认识——正如茅以升所说，如果说科学研究高不可攀的话，那么科学普及也是深不可测的。

正是基于这种认识和体验，1975 年 9 月 6 日，在为上级交办的印制《化石》线装大字本（是送给毛泽东同志看的）工作忙碌的间隙，我在给毛泽东同志的信中写道："当前适宜于知识青年和中小学生的科学普及杂志实在太少了。应大力创办几种通俗而有趣的、有丰富思想和科学内容的杂志，特别是综合性的自然科学杂志……"信中还对当时科普工作和科普刊物创办工作提出了一些建议。未曾料及的是，10 天之后，也即 9 月 16 日，毛泽东同志对此信做了批示："请考虑，可否将此信印发在京各中央同志。"此后科普刊物工作得到了一定改善。

科普创作上的引路人

到《化石》编辑部不久，我开始了自己的科普创作。在这条道路上，给我影响最大的，是科普界老前辈、我的邻居高士其。

我对高士其传奇式的经历早有耳闻。这位当年留学美国的著名微生物学家，因一项试验不慎感染而致瘫痪。1930 年，他结束博士课程回国。1935 年起在李公朴、艾思奇的帮助下致力于科学文艺创作。全面抗日战争烽火燃起的 1937 年,他拄着手杖,艰难跋涉,徒步数千里投向延安的怀抱。他还在全身几乎瘫痪、说话不清的情况下,以口述的形式,几十年内写下了数百万字的作品和数千行诗。我从这位传奇式人物的身上,感受到了他那伟大的人格力量。

1973 年夏天因组稿需要,我们来到离我家咫尺之遥的一座米黄色小楼前,踏着没胫的荒草走进了屋里。在一间客厅内,高士其坐在轮椅上,眼球不时地往上翻,和我们相握时双手颤抖不止。这一情景使我们顿感此行之唐突,因此颇有些不安而难于启齿。然而当我们终于鼓起勇气提出请他为刊物写首科学诗的请求后,高士其竟满口应承了下来。他那睿(ruì)智的眼睛里闪出明亮的光,那分明是激动,是一种迫临创作前的感奋(事后我们才知道,高士其"文革"中被戴上了"修正主义祖师爷"的"桂冠",差点被逐出北京,六七年来几乎没有编辑登过他家的门!)。

10 天后我们如约再次来到高士其家,一首奔腾激越、朗朗上口的科学诗——《生命进行曲》送到了我们的手上。那热烈欢快的诗句读来使我们心头发热,它写的是生命,可又何尝不是这位著名微生物学家自身(以及一切不畏严寒和重压的斗士)的写照!捏着这叠稿纸仿佛可以感触到作者那颗虽已衰弱却依然滚烫的心!这首诗是高士其"嗯嗯喔喔"口述,由他的秘书笔录的。听他夫人金爱娣介绍说,高士其写这首诗特别认真,有时半夜都要把她叫醒多次,说诗里有的句子不合适,要做改动。金爱娣被打扰得夜不能寐,颇有些怨气,便说:明天再改吧。可是处在创作亢奋状态中的高士其却借口要解手,起床了。然后在他执意要求下改了诗句,方才又躺下。

以后,我们一有新著便互相赠送,还曾在他那充满阳光的客厅里多次热烈地研讨过如何推动科学文艺创作,这一切恍如昨日。1983 年,高士其用他那因练气功而神奇地恢复了写字能力的手,用端正的字体亲笔为我写下了推荐信:"我谨推荐张锋同志加入中国作家协会。"他在书写这封短函时郑重地叮嘱我:"推荐你加入中国作协,是希望你在科学文艺领域多发挥点作用。"次年,我终于获准加入中国作协。十多年来,这封短函一直铭刻在我的心底，它表达了一代老作家对我的深深期望。每念及此，总感到自己肩上那份沉甸甸的担子。

我所认识的三位猿姑娘

在科普创作的道路上，令我难以忘怀的是三位猿姑娘的考察故事，以及近二十年间我与她们之间建立起来的深厚情谊。

20世纪70年代末，当我第一次读到珍妮·古多尔的考察故事时，她那传奇的经历就像磁石般强烈地吸引了我。一个中学毕业不久的英国姑娘只身闯入非洲密林，经过两三年努力居然得到了野生黑猩猩的承认。当我们在刊物上首次登载了她的考察故事的片断后，引来了广大读者的注意和惊叹。这使我和合作者心中有了不译完她的考察故事的全书将有负于读者的感觉，于是奋战半年，反复推敲，终于在1980年推出中译本，取名为《黑猩猩在召唤》。此书发行七万余册，几乎成为当时国内大学生物系学生的必读课外书。当古多尔的故事在《中国少年报》上连载时，又成了许多小朋友的日常话题。我曾见到他们在北京动物园猩猩馆兽栏前，兴奋地高喊着故事中"主人公"之一——黑猩猩"大卫"的名字。

继古多尔之后，我又翻译介绍了黛安·福茜、比鲁特·加尔迪卡斯的考察故事。这三位猿姑娘经过十余年甚至数十年的努力，在野生大猿研究方面都取得了开创性的成果并获得了多项荣誉，以至成为世界知名的灵长类学家。

出于钦佩和崇敬，我在20世纪80年代初分别给这三位猿姑娘去了信。尽管她们诸事缠身，终日紧张忙碌，却都很快给我回了信。古多尔还托人将著作寄给我，加尔迪卡斯寄来了她新出生的女儿的生日洗礼卡，而福茜对我的提问答复最为详尽。可是两年之后，却从卢旺达传来了福茜惨遭暗害的噩耗。今天当我重又拿起三位猿姑娘那珍贵的书信时，不禁心潮澎湃。而当抚摸着福茜的亲笔签名时，我的手不由得颤抖不止，似乎看到这位高个子的黑发女子肩上驮着幼年大猩猩正亲切地向我走来……

在科学考察事业上她们为什么能取得成功？她们是否从小就立志成为考察家的？——近二十年来，我经常这样问自己，也曾写信向三位猿姑娘求教过。我希望本书的读者们能自己去寻找答案。

大自然是我们最好的老师。三位猿姑娘出于了解人类自身的目的而去考察大猿，保护大猿。可以想象，如果作为人类近亲的大猿都危在旦夕了，人类又怎能得以长久地在地球上安身？举目四望，我们不由得为人类自己的非理性举动而时时感到汗颜。无论是油腻腻的蟑螂，还是人人喊打的老鼠，细查起来却都有过人之处，它们那悠远的历史、超凡的随机应变能力、在适者生存方面表现出的坚韧不拔的毅力，都不由得令人称奇。科学家告诉我们，蟑螂这一物种的化石在 2.8 亿年前的古老地层中即已被发现，老鼠的祖先在 5000 万~6000 万年前也已在地球上出现。它们如今都因惊人的适应能力而遍布全球。也许有朝一日，人类因某种原因已不适于在地球上生存而灭绝，但是蟑螂和老鼠却还会照样生存下去。因此，聪明的人类应该猛醒，重建我们强大的自然理性，切莫陶醉于自己的所谓"胜利"之中，应该向大自然请教，拜虫鱼鸟兽为师。

因此我要高声喊出：

热爱大自然吧，那里有快乐和智慧的宝藏！

引 子

迷雾笼罩下的大猿

非洲,神秘的大陆。

亚洲加里曼丹和苏门答腊雨林,神秘的宝地。

它们都令动物爱好者向往,是探险家的乐园。

被人们长期称为"怪物"的大猿——类人猿中3种体型较大的种类,它们是黑猩猩、大猩猩(生活在非洲)和猩猩(生活在加里曼丹和苏门答腊),就世世代代栖息在上述这些地区的热带密林里。

今天生活在大都市的人,只要买上一张门票,就可以很方便地逛一趟动物园,把猩猩馆里的上面3个角色看个够。

可是让你大感惊讶的是,人们对最接近自己的这几位"亲戚",却始终存在着解不开的谜团。人类今天已迈入星际旅行的新时代,他们踏上月球、拜访火星,探知了许多地球外天体的奥秘,可是在40年前,对自己身边的这几位近亲,尤其是它们在野外的状况,却知道得很少很少。

从古老的传说到近代的探险记,人们既看到了琐细的事实的描述,又读到了肆无忌惮的夸张。云遮雾罩、真伪难辨,那时的科学文献,总爱把黑猩猩、大猩猩和猩猩混为一谈,甚至把它们和某些原始种族、部落相提并论。这么聪明的人类,早就熟知虫鱼鸟兽的分类系统,早在1665年就用显微镜看清了微小的细胞,却长期被自己的几个近亲弄得晕头转向,这似乎令人费解……

然而，人类的认识过程就像一条曲折的长河，充满了迷惘和反复。英国博物学家赫胥黎在《类人猿的自然史》一文中说得好："古代的传说，如用现代严密的科学方法去检验，大都是像梦一样平凡地消逝了。但是奇怪的是，这种像梦一样的传说，往往是一个半醒半睡的梦，预示着真实。"

扑朔迷离的传说和勇敢的先驱者

在非洲和亚洲的原始密林里，千百年来流传着许多关于类人猿的传说。有的说，它们颜面似人，眼窝深凹，成群来往，出没无常；有的说，它们全身披毛，体格强壮，夜间睡在树上，以果实充饥；有的说，它们会模仿人的姿势，帮助主人收获作物，逗主人开心；更有甚者，说它们生性强悍，拉帮结伙，时常袭击林中过往旅客，还劫掠妇女，凶残无比，据说十个人还捉不住它们中一只活的……十分吓人。

近三四百年来某些西方探险家的渲染，将这些野生类人猿涂上了一层又一层神秘而又恐怖的色彩。然而谜团越是难以解开，就越具有诱惑力，越是迫使一些勇敢的探险家去深入猿国，探寻个究竟。最早的是一位叫巴特尔（1589—1614）的英国水手，他当时在一个叫佩雷拉的总督手下当兵，跟随总督一起到非洲内地旅行。在刚果，有一次因为和一个士兵吵嘴，他一气之下跑到树林里待了八九个月。没想到，他在树林里竟见到了两种从未见过的可怕的"怪物"。这段奇遇后来成了探险家们的热门话题。巴特尔将这些见闻讲给自己的一位老乡和朋友珀切斯听，后者就把这些写进了《珀切斯巡游记》（1613年出版，1625年修订新编）这本书里。

巴特尔关于大小两种"怪物"的描绘，三百多年后我们读起来仍然栩栩如生。然而大猩猩和黑猩猩真正被科学界确认，则分别是在1835年和1847年，比巴特尔最初的发现晚了两百多年哩！

探险家佳纳

自从似人的"大怪物"（大猩猩）和"小怪物"（黑猩猩）之谜被揭开之后，西方探险家们对大猩猩和黑猩猩的兴趣大为增加。在考察大猿的先驱者中，取得了一定成果的有华莱士、佳纳、阿克莱、尼森和沙勒。让我们先从考察野生大猩猩和黑猩猩的第一人佳纳说起。

　　罗伯特·佳纳这位美国探险家，不满足于对猿猴语言和习性的研究，他决心到大猿天然栖息地非洲去亲眼看一看。1892年10月，他踏上了加蓬的土地。第二年，他在原始密林中央做了一个约两米见方的大铁丝笼子。他在这笼子里观察、记录和休息，整整待了112个白天和黑夜，终于见到了威严十足的大猩猩和黑猩猩。然而视听灵敏的大猩猩和黑猩猩不容他长时间地观察，就早早地溜之大吉了。1896年，他撰写的考察记《大猩猩和黑猩猩》问世。作为对上述两种猿类实地考察的第一人，他用自己亲眼所见，反驳了以往的关于大小"怪物"的荒诞传闻。

　　大约10年之后，又一位探险家——美国纽约自然史博物馆采集家卡尔·阿克莱踏上了非洲大陆。他开始是捕猎大猩猩的能手，后来却成了呼吁保护大猩猩的著名人物。他打死了多只大猩猩，还拍摄了胶片长度达90米的野生大猩猩的生活镜头，这在当时是破天荒头一回！在疯狂捕杀野生大猿的同行们中间，他第一个冷静地反省了自己的作为，发誓再也不捕杀大猿了。他这样写道：

　　　　在密林里，展现在我们面前的是一片美丽的土地，就在这片景致中，有我们身材魁梧的"表兄弟"的保护区，可是它却被我们侵占了，并且这些大猩猩死在我们的脚下。这不能不说是一幕悲剧。

　　阿克莱继佳纳之后再次提出关于大猩猩生性温和的观点。不幸的是，1926年阿克莱因偶感风寒死于海拔3111米的卡巴拉大猩猩营地，他的遗骨也被掩埋于此（这里后来成了许多探险家凭吊先驱必到的地方）。

　　1959年2月，美国国家科学院考察队队员乔治·沙勒夫妇一行人再次来到阿克莱的高山营地附近,续写他的先辈未写完的历史。他们夫妇二人在高山大猩猩中间考察了20个月,观察了200多只大猩猩,并且和它们交上了朋友。他采用的是自己独特的考察方法,即单独地逐步接近对方,使对方渐渐习惯于他的在场。他最终发现大猩猩一般都比较安详、内向,并不怎么表露自己的情感,它们是没有攻击性的"素食者"。通过长期接触,沙勒理解了大猩猩一举一动的含义。在大猩猩眼里,沙勒被看作是一个到处漫游的"孤独的雄性",一个可以和平相处的"同类"了。

20世纪30年代,美国人尼森受灵长类学家耶基斯的派遣来到几内亚考察黑猩猩。他尽量隐蔽自己,不使黑猩猩觉察到他的在场。在为期两个月的野外考察中,他发现黑猩猩会用手势互相交流情报:每当发现食物时,它们会敲击一棵中空的树干,向同伴报告这一喜讯。黑猩猩每天起得很早,日出之前即开始活动,中午有午睡的习惯,夜间则在树上筑巢休息。他还发现,野生黑猩猩比他在国内动物园里见到的要活泼得多。偶尔他还看到公黑猩猩冲着他耀武扬威,甩起胳膊拼命向他晃着树枝。原来它们是怕尼森加害于幼仔,想借这个来吓唬尼森的。

最后,我们要介绍一下关于野生猩猩的考察。18世纪,浓荫蔽日的加里曼丹和苏门答腊的热带雨林里,生活着成百万只的猩猩。1854年,英国著名的博物学家华莱士[①]只身闯进东南亚的雨林,想弄明白被许多人说得如此离奇的猩猩究竟是一种什么样的"怪物"。回国后,他将8年旅行考察的见闻写进《马来群岛》一书,在这本书里第一次提到了"森林人"(即猩猩)。虽然书中描述了华莱士见到野生猩猩的几次遭遇,但对它们的行为依然缺少系统的观察和记述。

通过上面的记述可以看出,几位先驱者在对野生大猿的考察中做了许多开创性的工作,记录下了许多极其珍贵的资料和文献,使我们对野生状

①华莱士(1823—1913),与C.R.达尔文共同提出自然选择学说,动物地理学的奠基人。

态下的大猿有了初步的认识，抛弃了以往那种传说中的荒诞夸张的成分。然而这些考察家多数并未走到猿类中间，他们一般是从远距离进行观察的，而且考察时间一般不长(最长的是沙勒，1年8个月)，因此也留下了许多空白和未解的谜团，等待着后继者去做更深入的探索。

聪明伶俐的"表兄弟"

在科学界确认了3种大猿在分类学上的地位后，科学家们又从解剖学、遗传学和心理、智力等方面对黑猩猩、大猩猩和猩猩做了较深入的研究，取得了许多新的成果，因此，在介绍20世纪60年代起对野生大猿的深入考察之前，有必要从近处认识一下我们的这三位"表兄弟"。

当你在动物园猩猩馆见到3种大猿时，马上会有这种印象：它们和人长得多像呀！确实，大猿坐立、伸腿、躺下和攀爬的姿势和我们人类十分相像，它们喜怒哀乐的表情和人也几乎一个模样：烦恼时也会皱眉，有疑问时会搔头，不如意时也会像人一样大发脾气，只是它们尖嘴猴腮，浑身长毛罢了。

现存的类人猿有4种：黑猩猩、大猩猩、猩猩和长臂猿。其中黑猩猩、大猩猩、猩猩因体型较大又被统称为大猿。类人猿大多长着黑毛，只有猩猩身披褐毛，故而又称褐猿。四兄弟中长臂猿个子最小，身高不到1米，可是双臂特别长，在树间攀援快如飞鸟，能跨过9米的间隔，所以称得上是一名出色的"杂技演员"。它是我国现今唯一生存的一种类人猿，分布于云南、海南岛一带。大猩猩虎背熊腰，身高可到1.8米，雄性体重近200千克。美国圣地亚哥动物园有一只大得出奇的大猩猩，体重近300千克！真可以称作灵长类中的"巨人"。猩猩和黑猩猩的体重和人相近，猩猩稍重些。成年雄性猩猩一般身高1.4米左右，体重70~80千克，脸颊两边长有一对脂

4 种类人猿

肪性的厚垫,高高耸起,脖子下又挂起个大袋子,很像个林中老人。黑猩猩呢,则长着一对特大的招风耳。

在动物大家庭里,哺乳动物中的灵长目算是高等种类。在灵长目中,除了人,就要数类人猿最高等。它们的脑子比猴子大,智力也比猴子发达。从平均脑重(成年雄性)来看,黑猩猩约为 420 克,大猩猩约为 535 克,猩猩约为 424 克,长臂猿约为 104 克,和人的平均脑重(约为 1330 克)相比自然低得多,可是在动物界,类人猿算得上是佼佼者了。

早在 20 世纪 20 年代,心理学家就对类人猿的智力展开了研究,发现它们有很强的学习和模仿的能力,能解决其他动物无法解决的难题。心理学家海斯用了 7 年时间,观察了身边的黑猩猩"维基"的智力,发现它 1 岁 4 个月时就会帮着主人掸(dǎn)尘、洗碗碟、推动吸尘器清扫地毯,等再长大一些后,它还会梳头、剪指甲、用锯、削铅笔。经过训练,黑猩猩还能熟练地按动电脑键盘和人对话。有一只叫"科科"的大猩猩，经过心理学家帕特森13年的精心教养，学会了使用500多个手势语单词，而且会用手势语表示出"讨厌的家伙""温柔的好猫咪"这一类的意思。

类人猿这么聪明是有根源的。科学家经过研究，发现它们具有和人相似的血型，它们的血浆蛋白、脱氧核糖核酸分子等的构造和人很接近，遗传物质——染色体的数目和人差别很小。对化石的研究更进一步证明，在一两千万年前，类人猿和人有一个共同的老祖宗，它们就像同一棵树上的两个杈，所以我们可以称类人猿为"表兄弟"。只是由于环境的变化，其中有一支下地行走，参加劳动，才出现了万物之灵的人类。

类人猿是十分重要的实验动物，它是医学家、心理学家和人类学家的重要研究对象。我们知道，人类易患的感冒、结核、麻疹等一二十种疾病，类人猿也几乎都会患，所以医药学上，人们往往把它们看作最理想的实验动物。人类要上天，需要克服生理、心理上的许多障碍，就首先用大猿进行模拟探索。1961年1月31日，一只叫哈姆的黑猩猩成为宇宙飞船"水星号"的唯一乘客，在16分30秒钟的太空飞行中，它作为"先遣人员"顺利地完成了这项光荣使命，这以后美国才派遣了第一名宇航员进入太空。

密林新秀——三位猿姑娘

在人类学家眼里，黑猩猩、大猩猩和猩猩可以看作是人类社会的活化石，从它们身上可以看到人类的童年，追溯（sù）人类社会原始状态下的社会结构、生活方式等等。同时，随着生态保护意识的加强，如何保护这些大猿，自然也成了人们关注的事情。

虽然佳纳、华莱士、沙勒等前辈曾在非洲或亚洲密林里对大猿进行过考察，然而由于考察手段、方法和资金的限制，他们所获得的知识毕竟是不完整的。人们想要知道：在野外的自然环境里大猿是怎样生息繁衍的？作为社会性动物，它们内部的社会结构又怎样？它们之间通过什么方式相互交流，又怎样和外界相互往来？为了拯救这些濒临灭绝的极其珍贵的物种，我们又应采取哪些对策？……20世纪60年代以来，带着这些问题，一批又一批的探险家、灵长类学家踏进了非洲、亚洲的密林。

在这批探险家、灵长类学家中间，最出色的不是男子，而是三位女子。在荆棘丛生、野兽出没的密林，她们克服了常人难以想象的种种艰难和困苦——疾病、孤独、偷猎、绑架、资金缺乏以及肉体上、精神上的种种折磨和痛苦，以坚忍的意志和顽强不屈的抗争精神，取得了不平凡的业绩。这三个传奇式女探险家，每人都有一番不同寻常、扣人心弦的经历。

这些不同凡响的动人、悲壮的传奇故争，是她们用自己的青春、智慧和生命谱写的，是血与泪的结晶。

她们用自己创造的独特的考察方法，终于和类人猿成为形影相随的知己。或许可以说，是她们对类人猿的关怀和爱，"感动"了这些猿朋友。

在考察类人猿的历史上，像她们这样的事例，还从来没有过。

没有人像她们那样十余年、数十年地长期在茫茫的密林中考察过。

没有人像她们那样和野生猿类如此亲近过。

没有人像她们那样付出得这么多。

没有人像她们那样收获得这么多。

正因为如此，她们被自己的同行和导师尊敬地、骄傲地称作——猿姑娘。

这三位猿姑娘是谁？她们又是创造了什么方法，编织起自己动人的考察故事的呢？现在，让我们追随她们的足迹，去非洲和亚洲茫茫的密林，开启充满神奇色彩的探险吧！

追随猿踪 39 年

　　黑猩猩作为人类的近亲越来越受到人们的关注，然而野生黑猩猩王国的内幕，长期以来竟被认为是无法揭晓的谜。这些野生猿类世世代代生活在非洲人迹罕至的原始密林里，几百年来的传说一直把它们描绘成吓人的"怪物"，西方考察家很少有人敢于问津。

　　20世纪60年代初，从坦桑尼亚传出一个消息：一位中学毕业不久的年轻姑娘只身闯进密林，用她独创的考察方法，居然打入了黑猩猩家族内部，洞悉了黑猿王国的一系列奥秘。后来，她所撰写的著作和论文，以及她在公众场合所做的考察讲演，使她一时成为灵长类学界升起的一颗耀眼的明星……更令人敬佩的是，这位有志气的英国姑娘居然长期坚持野外考察，一干就是30多年！

　　这位勇敢的姑娘就是珍妮·古多尔（Jane Goodall）。她那漫长而曲折的考察经历，本身就是一部动人的传奇小说……

童年的梦想

珍妮·古多尔 1934 年出生于英国伦敦,母亲琬恩是一位科学家,对人类学和灵长类行为学有着深入的研究。在家庭的熏陶下,古多尔从小就爱上了动物。她刚满周岁时,妈妈为了庆祝伦敦动物园的黑猩猩头一回生下了一只幼仔,特地买了一个大的蓬发的玩具黑猩猩给她,而且取了个和那幼仔一样的名字——朱比里。她一见到这"朱比里"甭提有多高兴了!整天搂着它玩。在她的记忆里,这只玩具黑猩猩是她最亲密的朋友,一直陪伴她度过了整个童年时代。

小古多尔慢慢长大了,她常常陶醉在大自然的美景之中。花鸟虫鱼,一切在她看来都那么新鲜、那么迷人,有时一看就是大半天。热爱自然、爱好探索的种子,就这样在她幼小的心灵里发了芽。记得她 4 岁的时候,有一天家里人突然发现她不见了,找了好多地方都找不着。妈妈着急地四处打听孩子的下落都没消息,以至于最后只好报告了当地的警察局。没想到过了好久,家里的人却发现小古多尔正在鸡窝里一动不动地蹲着呢。"你在鸡窝里干什么?"妈妈非常奇怪。"我想看看母鸡是怎样下蛋的。"呵!小古多尔这一天足足在鸡窝里蹲了 5 个钟头,一直在细心地进行观察呢!

不久,古多尔来到南部一个靠海边的城市博恩默思去上学。8 岁那一年,幼小的古多尔就立志长大了一定要去遥远的非洲大陆,去和那里奇异的野生动物打交道。每当从电影和画册里见到非洲动物的画面时,她总是想,要是自己也在那里,和这些天然动物园里的大象、狮子、犀牛、斑马和角马生活在一起,该有多美啊!还有那长着小脑袋的高个子——长颈鹿、看起来笨拙的鳄鱼、鸵鸟……在她的想象里，非洲是一个神奇而美妙的仙境，即使有那些凶猛的狮子、野牛，也是十分可爱的哩！

博恩默思城有着美丽的景色。古多尔一有空就来到野外，细心地观察虫鱼鸟兽，采集各种标本，记录各种动物的行为和习性。连家里给的零用钱她也积攒起来，买了她所喜爱的动物学方面的普及读物。她就像海绵一样，汲取着丰富的动物学知识。她深深懂得，知识的海洋是如此的宽阔！

18岁那一年，古多尔中学毕了业，虽然她参加秘书训练班后又工作了几年，可是心里一直活跃着去非洲的念头。这样一直到了1957年，一个喜讯从天而降：一个中学女伴邀请古多尔去肯尼亚她双亲所在的农场做客。她不禁喜出望外，当天就辞去了新闻记录电影制片厂里的工作，尽管这个工作还是叫人羡慕的！为了给这次非洲之行攒一笔旅费，她还特地在夏天到博恩默思城里的餐馆做了一阵子服务员。要知道，如果在伦敦干这样的活又要攒钱，是很难办到的。

这一年，古多尔第一次踏上了非洲的土地。她当时没有想到，从此自己将和黑猩猩结下不解之缘。

巧遇良师

　　古多尔来到肯尼亚后，整天高高兴兴的，不像有些姑娘那样一出远门老是想家。大家知道她很喜欢这块地方，特别还听说她喜欢这儿的各种野生动物，就向她建议："要是你喜欢动物，就一定要去找找利基博士。"这正合古多尔心意，她立刻决定要去拜访她所仰慕的这位人类学家。

　　那是 1957 年的一天，英国人类学家路易斯·利基博士正坐在肯尼亚

古多尔和人类学家利基博士

内罗毕国家自然史博物馆自己的工作室里,埋头研究着面前的一堆化石。忽然,一阵敲门声响过后,走进一位身材修长、金发碧眼、浑身洋溢着青春活力的年轻姑娘。她就是慕名而来的珍妮·古多尔。

古多尔一边述说着自己怎样从小就爱上了动物的心情和一心想到非洲来考察奇异的野生动物的愿望,一边以敬畏的目光望着这位世界闻名的学者,生怕自己说话有不妥当的地方。哪知利基博士听得很有兴趣,还不时发出朗朗的笑声。在年轻人面前,与其说他是权威学者,不如说他是个知己和循循善诱的导师。古多尔来时的一切困惑,全都像冰雪遇到阳光一般融化了。

利基博士是世界闻名的学者,曾因发现"东非人"化石和"能人"化石而震惊世界。可是他总想知道更多的有关远古人类生活状况和原始人类社会的内幕。每当夜深人静时,利基博士总喜欢拿起一颗颗生活在一二百万年前的古人类的牙齿,仔细端详一番。面对这些已被岁月消磨成褐色的牙齿,他的思绪不禁飞驰到这些牙齿的主人所生活的遥远的年代。他苦苦地思索着:一二百万年前,这些牙齿的主人是怎样生活的?又怎样死去?当时他们的生活是顺利的,还是艰难的?他们的社会和家庭又是什么样的呢?

这些牙齿自然不会说话。要想知道远古祖先是怎么生活的,单靠这些化石或有限的石器是不够的。突然,利基博士困惑的眼睛闪出了光亮。"有了!有了!"他突然想到,从人类最近的亲属——现在活着的类人猿——特别是野生黑猩猩身上去寻找谜底。这时他想,要是有一个得力的助手、一个能独立完成野生黑猩猩考察任务的人,那该多好啊!

然而要找到合适的人选谈何容易!早在1946年,利基博士就曾派遣一名男子去从事野生黑猩猩的考察,可是,他去了6个月就回来了。看来这项工作不是一般人所能胜任的。

现在,面对突然造访的古多尔,利基博士倾听着,兴奋的脸上不时掠起一丝微笑。他心中暗暗想道:眼前这姑娘还不可小看哩!别看她只是中学毕业,还缺少关于动物行为研究方面的训练,可是她却打心眼里热爱动物,从小就爱和它们打交道,对于这些她所倾心的研究对象有着根深蒂固的好奇心和敏感性。利基博士认为,这一点是顶顶重要的!对于一个年轻人来说,搞一门科学,除了必要的知识和基本的训练以外,对这门科学的强烈的兴趣和爱好、好奇心和敏感性,是必不可少的。有句格言说,"热爱是最好的老师!"这样,他在未来的研究活动中,才会观察到一般人观察不到的东西,记录下一般人遗漏的事实,他的思想才会迸发出创造性的火花。

利基博士不是那种头脑刻板的学究,而是个注重实际、思想开阔、拒绝一切先入之见的人。他喜欢说的话是:"我只需要你到大自然中去,用你的眼睛进行观察,看看你发现了什么。"譬如眼前有一张蜘蛛网,他会问你:"看看你在那里看见了什么?"你稍稍一看,可能就会说:"一张蜘蛛网呀!"以为自己已经是非常留心的了。可是他呢,却不仅看见了一张蜘蛛网,还看到了一只蜜蜂、一只死了的苍蝇……当你看见一件东西时,他却会发现10件、20件东西。他不希望你仅仅满足于说"发生了这个"或"发生了那个",他还要你告诉他"为什么"。

通过交谈,利基博士对眼前这位姑娘有了一定的信心,当即决定让古多尔留在自己的身边担任秘书助理,而且不久就让她参加了在塞伦盖蒂草原上进行的古生物考察。

利基博士细心留意着古多尔在以后一年考察中的表现。这个年轻姑娘对大自然的酷爱、她那敏锐的观察力以及每天连续工作十几个小时仍不知疲倦的作风,使他很是欣喜。从这姑娘身上,利基博上好像看到了自己的影子。因为他知道,没有这种作风,要想在野外研究工作中做出点成绩来,是不可想象的。

这时候,长久蕴藏在利基博士心里的一个念头又复活了,这就是对坦噶尼喀湖沿岸生活着的黑猩猩进行考察。利基博士知道,这些野生黑猩猩生活在和文明世界完全隔绝的山区密林里,很少和人接触过,它们对人感到陌生和畏惧,在受到威胁时会向人发起袭击。加上那里靠近赤道、气候闷热、环境恶劣、猛兽出没,因此到那样的地方去考察,会遇到些什么困难,他是再清楚不过的。谁要立志献身于这项研究，就必须具备非凡的耐心、坚韧和自我牺牲的精神，坚持搞它个十年八年，甚至更长的时间。

眼前这位瘦弱的年轻姑娘，能够胜任这项工作吗？这是利基博士反复思忖了好久的问题。记得几年前，他也曾经遇到过一位白人姑娘，当时提议让她去参加这样一项考察黑猩猩的工作，她回绝了（十多年后，当古多尔在美国辛辛那提见到这位姑娘时，她还为自己当年的决定感到后悔莫及）。是因为自己能力差？还是嫌那儿的生活太苦，太危险？那个姑娘没有直说。而现在呢，要让古多尔去挑起这副担子，继承佳纳、尼森这些前辈探险家所没有完成的事业，能行吗？

但是他的直觉和眼力在告诉他：行！这个姑娘正是他近二十年来所要物色的人！十多年后，古多尔在其成名之作《黑猩猩在召唤》中追忆当时情景时写道："有的人完全着迷于对动物和它们的行为的研究，他们能长期摒弃文明社会的奢侈和享乐，能长期艰苦工作而怡然自得。路易斯·利基确信我就属于他寻找了近二十年的这种人。"

主意已定，利基博士就向古多尔谈起这件事，向她讲了这项考察的重要意义。他还对古多尔提起了二十多年前尼森教授在几内亚密林里对黑猩猩的考察。那次搞了两个半月的考察还留下了一大堆问号。二十多年来，这个领域几乎不再有人过问，不少科学家几乎丧失信心了。有人甚至断定，要深入到黑猩猩生活的聚居地，去搞清楚它们的行为和社会内部的结构，是办不到的。

科学家已经从许多方面研究了黑猩猩和人之间的异同。例如，从解剖学、神经学、生物化学和行为学这些方面，都发现了两者有着惊人的相似，而且在一两千万年前，黑猩猩和人有着共同的祖先。因此，利基博士认为，野生黑猩猩的考察，对了解远古人类的行为是不可缺少的。更何况，黑猩猩的数量正在一天天减少，这种珍贵的动物正在走向灭绝。

"现在可能已经太晚了。"利基博士激动地向古多尔说。因为人类已迅速深入到新开发的地区，栽种植物，杀死那里的黑猩猩和其他动物，破坏了它们的宁静的环境。

听到自己一向尊敬的导师的这个建议，年轻的古多尔的心不禁有些慌乱，一时不知怎么回答才好。虽然她早就向往着参加这样一项考察，可是自己却缺少这方面的知识和基本训练。

"人家那么大的学者都要摇头的事，我能成吗？"她暗自思忖着，"毕竟自己还只有中学毕业的学历呀！而且，在深山老林里考察，和亲朋好友几乎断绝往来，生活孤独、充满危险，我这么个年纪轻轻的姑娘，能顶得住吗？"

起初，古多尔以为，利基博士是和她说着玩的呢！可是这位导师却举出一条条理由要她相信：她虽然年轻又缺乏经验，只要不抱成见，敢于探索，准能胜任这项考察任务的。他相信自己的眼力，挑选到她决不会错。他要古多尔相信，不一定需要大学的毕业文凭，这在某种程度上可能还是不利因素呢！是的，这位学者和导师，对自己的助手再三强调的是要思想开阔、不为传统观念所束缚。他希望自己的助手能提出自己独到的见解，到大自然中去探求真正的知识。当然，要从事这样艰巨的考察单靠热情是不够的。于是利基博士又决定让古多尔到伦敦某医院去，在纳皮尔博士领导的灵长类实验室里接受训练，专攻灵长类解剖学并研究其有关习性，还去了伦敦动物园实习，这些总共花去了她近一年的时间。这是后话。

这时候，少年时代就有的志向，又在古多尔的心头复活了。她决心去闯一闯，在这条还很少有人踏过的崎岖小道上，去做一番尝试，为了她所向往的事业，也为了不辜负利基博士的信任！

在这样的时刻，在这样的关口，年轻的姑娘未必会料到，她此刻所做出的选择，将会决定她未来的道路和命运。

在这个稚气未脱的姑娘面前，等待着她的又将是什么呢？

025

最初的日子

  银白色的汽艇劈开碧蓝的湖水,沿着坦噶尼喀湖东岸急驶着,基戈马港湾已经远远地被抛在身后。浅蓝色的薄雾飘荡在湖面上,隐没了20千米开外的对岸。那凉爽的清风、层层的涟漪(lián yī)和两岸如利剑般矗立的峭壁,为这次航行增添了诗一般迷人而又神秘的色彩。

  有位姑娘在不时地眺望着湖的东岸,浅色的头巾随风飘拂着,衬出了她那秀丽的面颊和金色的头发,这就是我们所熟悉的珍妮·古多尔。她正陷入了沉思。未来惊险的、充满传奇色彩的考察生活,那荒无人迹、野兽四伏的恶劣环境,都和她这身装束,和她那似乎娇弱的身体,显得十分不相称。

  自从人类学家利基博士建议她参加野生黑猩猩考察以来,一年半的时间过去了。这一年半时间里,古多尔紧张地投入了非洲之行的准备工作。多亏利基博士张罗,从美国伊利诺伊州的威尔吉基金会弄到了一笔资金,但数目有限,它除了用来购买船只、帐篷、飞机票以外,只够支付半年野外考察所需要的费用。古多尔还四处奔走,采购考察所需要的一切装备。未来考察点——坦桑尼亚贡贝禁猎区所属的当地政府很支持这项考察,但听说一个英国姑娘将单独进入密林时,都感到十分惊讶。他们提出了一个条件:要有一个欧洲人陪同。这样,古多尔的母亲琬恩就自告奋勇,做她的同伴。

  这时,汽艇已经驶入贡贝禁猎区的范围,景色立刻变了样。刚才还是峭壁林立,现在却是林木丛生的青山和热带植被葱郁的谷地交替地从眼前掠过。山脚下湖边的沙滩上,星星点点地散布着渔民简陋的茅舍。当古多尔第一眼接触到荒无人烟的山谷，想到这儿就将是她长期定居的考察点时，脑子里闪过一种与世隔绝、荒凉孤独的感觉。繁华、喧闹的都市生活从此和她分手了，这里不会有马达的轰鸣声，听不到伦敦教堂的钟声和夜总会的爵士音乐，有的只是猎豹、雄狮和黑猩猩的嗥叫，以及贡贝河喧闹不停的流水声……

陪同她们一起来的禁猎区的园林管理员恩斯梯给大家讲了这样一个故事：有一次，一个非洲人要爬到一棵油棕树上去，想剥下几颗油棕果用来做烧菜的油。这时在树杈高处，有一只黑猩猩正待在那里啃着果子，可是这个非洲人没有留意，就这样一直爬向树梢。黑猩猩一直光顾着吃，现在忽然见到了人，于是便迅速向下滑行。当它经过这个非洲人时，打中了他，砍掉了他的半边脸和一只眼睛。

这位非洲朋友后来承认，当他最初陪着古多尔来到这片她完全陌生的地方时，他就几乎敢打赌，不出一个半月，这个在大城市里长大的英国姑娘就会带着行李和全套装备乖乖地回到她的老家去。

经过两小时的航行，汽艇靠了岸。这时岸上早已等候着一群当地的渔民和猎手。在隆重的欢迎仪式上，留着白胡子的酋长马塔特用斯瓦希里语向客人热情地发表了长篇的欢迎词，古多尔也把带来的礼物双手捧着送给了老酋长，以表示答谢。欢迎仪式一结束，古多尔、琬恩和恩斯梯一起走到高处，观察了未来考察点的地形。水晶一般洁净的坦噶尼喀湖在脚下闪着银光。高山从湖岸屹然耸起，有些山峰高出湖面 600 米。这个贡贝禁猎区位于东非的坦桑尼亚，占地 80 平方千米。这里有许多陡峭的山谷，浓荫成林，高处的山坡上有成片的开阔的林中空地。这样开阔的旷野，对于野外考察黑猩猩是很理想的。

这片禁猎区沿着湖岸延伸，长 16 千米，宽 5 千米，直到山脚边。据后来估计，这里有 100~150 只自由生活的黑猩猩。这些就是古多尔今后要朝夕相处的研究对象哩！

1960 年 6 月 15 日，在一小片林中空地上，古多尔在猎手们的帮助下搭起了帐篷。这块地方选得好极了。油棕在草地上投下浓荫,小溪在帐篷旁淙淙地流淌。离她们的营帐不远,紧靠湖边,是厨师多明尼克的帐篷。期待了很久的对黑猩猩的考察工作,就这样开始了!

他们把带来的物品都放进了帐篷里。为了轻装,古多尔只带来了最少的必需品。当恩斯梯和多明尼克发现他们的餐具只有一对小盘、一只没有把的杯子和一只保温瓶时,都不免暗暗感到吃惊。

最初的两个月,常常使古多尔失望。每天一清早,她独自起身,顺着小河走过一个个山谷,穿过密密的灌木林,爬上陡坡。有时她见到一群黑猩猩在树上吃东西,但当她走近时,它们大多跑掉了。往往隔着一个山沟,相距500米左右,黑猩猩一见到人,就逃之夭夭了。有时听到它们喧闹的叫喊声,但在她赶上去之前,它们就跑了。每天黄昏,古多尔都拖着疲倦的身子回到营地。

虽然最初的阶段遇到了挫折,可是却使古多尔熟悉了山地的生活。不久,她就学会了顺着野猪的脚印穿过灌木丛;看到了狒狒的脚印,能顺着它们登上最陡的山坡。由于经常的摩擦,鞋后跟也磨平了。古多尔还慢慢熟悉了许多种动物,其中有红尾的毛尾猴、漂亮的赤色的疣(yóu)猴、胆小的林羚和肥胖的野猪。

一天早晨,古多尔走到了湖边,一位当地的渔民兴冲冲地跑来,领着她去看一棵树。原来那是昨天晚上,一头野牛曾把他追赶到这里,逼他上了树。古多尔走近前去,见到这棵树上,有无数个被野牛角戳伤的深坑。古多尔记得利基博士说过:“我宁可每天碰到一头犀牛或者一只狮子。我怕野牛,要超过任何其他的非洲野兽。”当地流传着这样一句谚语:“成群的野牛人不惧,孤单的野牛狮子怕。”原因是,离群的野牛往往性格暴躁。

有一次,在一条小路上,古多尔迎面碰到了两头脾气很坏的野牛,她就赶忙爬上了一棵树。等危险过去以后,她的心还怦怦地跳着呢。

来到禁猎区以后3个月光景,古多尔和母亲同时病倒了,患的是疟(nüè)疾。她们并排躺在低矮的帐篷里——这座帐篷早已被阳光烤得像个蒸笼,憋得叫人透不过气来。她们什么也干不了,只好整天躺在床上。可是叫古多尔着急的是,考察费用只够用半年的,这还是由利基博士争取,好不容易才弄到的呀!然而现在,考察期限的一半已经白白地溜走了,考察资金就像扔进水里似的,她却什么也没有干呢。为了节省资金,只好辞退了一个挺好的当地助手阿道尔夫。以后的 3 个月怎么办?古多尔不想宽容自己。一天大清早,古多尔比平时早些起床,趁别人没看见,悄悄地走出了营地。她不想让别人看到她身体还很虚弱而出来劝阻。她费力地一步步登上营地后边的那座山。大约 10 分钟以后,她的心脏怦怦地跳动,好像要从胸口蹦出来似的。这是大病初愈的人常常会碰到的事儿。最后她终于用尽气力登上了山顶。

山顶高出湖面 300 米。古多尔想在这里稍坐片刻,看看能不能观察到黑猩猩。过了近一刻钟,突然在野火烧秃的山坡上,古多尔见到有什么东西在动。她用望远镜仔细地寻找。哎哟,3 只黑猩猩,它们正望着她呢。古多尔差一点失声叫了出来。这时,古多尔和它们之间的距离不到 80 米,但它们没溜掉,继续平静地走着,很快就消失在灌木丛中了。过一会儿,又一群黑猩猩叫喊着,从对面山坡上下来,开始爬到无花果树上去吃果子。黑猩猩分明是看到了她的,因为在不长树木的山顶,考察者是很难藏身的。它们甚至停下来转动着脑袋,好奇地打量着这个陌生的、白皮肤蓝眼睛的客人,然后稍稍地加快了步子。看来它们已经不像以前那样吓得到处逃跑了。它们一个个排成整齐的一长溜,一齐跑向河边喝水去了,有两只小家伙像骑手似的坐在它们妈妈的背上。古多尔回到营地时,天快黑了。她既感到精疲力竭,又激动万分。还躺在病床上的母亲,不禁高兴地为女儿的进展表示祝贺。

这是古多尔到贡贝营地初期最幸运的一天。

意外的发现

从这一天起，一切似乎都上了轨道。往后的两个月，黑猩猩每天都来吃树上的果子。古多尔定时地攀上山顶观察。当大群黑猩猩相聚在果树下时，它们又是使劲地大声喊叫，又是热烈地亲嘴拥抱，就像过狂欢节一样。看来它们对古多尔慢慢习惯起来了，因为这个胸前挂着望远镜的"客人"总是独自一个，而且从来不曾想伤害或威吓它们。

古多尔从来没打算躲藏。从开始在莽莽丛林里考察这种行为复杂的动物以来，她就决定创造出全新的考察方法。她不能走别人走过的老路。虽然前辈们的经验是宝贵的，包括尼森教授1931年在几内亚考察黑猩猩以后所写的报告，她都怀着敬意十分仔细地阅读和研究过，可是他们都没有能够真正生活到黑猩猩的中间，和它们摩肩接踵（zhǒng）、厮守在一起过。珍妮·古多尔，我们这位不起眼的青年女考察家的想法，要比他们都大胆得多！既然马戏团的女演员能驯狮、驯虎，让它们服服帖帖，难道她就不能驯服密林里的黑猩猩？

记得在英国，在古多尔开赴非洲参加考察之前，她曾经遇到过几个在野外见过黑猩猩的人。他们出于好心，劝告她：

"在你还没有隐蔽好自己的时候，千万不要走到黑猩猩跟前去！"

这话似乎说得不错。但古多尔觉得，只有让黑猩猩习惯于你在场，只有和它们紧挨在一起，甚至和它们达到你我不分的情况下，你才能自由地去观察你所要观察的一切。古多尔始终记住利基博士的教导，她决心抛弃一切陈规陋见，走出自己的路子来，直到认识每一只黑猩猩，不仅熟悉它们的面容,而且熟悉它们的"语言"、个性和行为特征。

为了便于观察,古多尔在山顶选了个固定的观察点,整天独自一人待在那里。她把一只轻便的箱子带上山顶,里面放着茶壶、咖啡、罐头和备用的绒衣、毯子。饿了,吃一片面包;渴了,喝一口从野牛林那边的小溪里汲取的清水。如果黑猩猩在离山顶不远的地方过夜,古多尔也就不回营地,在山顶的树旁和衣睡下,整夜守着它们。当天黑前猎手来探望她时,她就请他把这打算告诉她母亲。有时她在睡梦中还能听到黑猩猩那响彻山谷的嗥叫声。

琬恩除帮助女儿照料营地、晒制标本外,还常常拿出带来的药为村民治病。曾有一位患腿肿的重病人经她的手治好了。好名声一传出,许多病人远道乘船赶来找她们看病。

记得她们刚到这里时,村子里放出了风,说古多尔是个密探,是来刺探关于黑猩猩的情报的。不少当地居民怕她会多报了黑猩猩的数目,扩大保护区的占地范围,因而夺了他们的耕地面积。现在,古多尔和她母亲在当地交了不少朋友。诊疗所忙极了,刚进村时的流言也一扫而空了。有个叫祖马尼的孩子还主动当起她们的助手,帮助抓药,向村民解释服药的方法。他所要求的唯一报酬,是给他一小块膏药,贴在他那挺小的疮(chuāng)口上。

野外考察中经常会意外地碰到一些野兽。有一次,古多尔在小溪边歇一口气,准备爬山,突然,一只林羚沿着小溪慢慢走了过来。古多尔想看个究竟,便照样一动不动地坐着。这只林羚走到离她大约 10 米的地方,才发觉前面有个什么东西。它出了神,斯文地伸出前腿,古多尔还是没动弹。林羚一时弄不清这陌生的"怪物"究竟是什么,便又翕(xī)动鼻子,一步步向古多尔走近,甚至已经碰到她的膝盖了,古多尔已经感到了它呼出的热气和毛茸茸的皮毛。这时古多尔正好眨了一下眼睛,这可爱的动物才慌忙地惊叫了一声,逃到林子里去了。

要是见到豹,那就是另外一回事了。在野外,古多尔时常见到豹的脚印,闻到它那刺鼻的气味,还能听到它们逮住猎物后的嗥叫声。可是有一天,却真的和豹突然碰上了。当时古多尔正坐在山顶,见到一只豹甩着尾巴一直朝她这个方向走来。不一会儿,豹已经爬上山岗了。怎么办?古多尔急于想找一棵树好往上爬,可是一想到豹在这方面的本事不比人差,于是走到半路又转了回来。这时她已经清楚地听到豹的沉重的脚步声了。

古多尔到非洲以后最怕的就是豹,她知道这种野兽会把咬死的羚羊拖到树杈上去,美美地大嚼一顿。这时她思忖着,豹只有受了伤才会攻击人。为了以防万一,她还是悄悄地离开了观察点。几小时以后,古多尔又回到那里,在刚才她坐过的石头上,发现了一堆豹粪。看来,豹闻出了生人的气味,到这儿来仔细搜索过。它还用自己粪便的气味把生人的气味遮盖掉,这倒很像是发表了一篇声明:"这里是老子的地盘,谁也甭想占领!"

经过和黑猩猩的多次相遇,古多尔慢慢发现,如果在密林里和它们相隔80米开外而不再走近,那么有些黑猩猩就表现得相当平静。到这时,古多尔开始能慢慢认出一些黑猩猩来了,而且根据它们外貌和特点,给一个个取了名字,比如秃顶的格利戈尔,长着葱头鼻的老芙洛和它的儿子费冈、女儿菲菲,有一张漂亮的脸和显眼的银白色胡子的白胡子大卫,有着出众的体格和发达的肌肉的大力士利亚。

1960年秋天,直到预定考察期限的最后一个阶段,古多尔才取得了两个重要的发现。这样,过去充满着挫折和失望的几个月,总算没有白费。这两桩发现使野外考察出现了转机。

9月的一天,古多尔在山顶上观察一小群黑猩猩,这些黑猩猩正待在一棵树的上部枝杈上。这时只见有一只公黑猩猩手里攥(zuàn)着一块淡红色的东西,一边还不断用嘴从上面撕下小块来吃。它身边坐着一只抱着小家伙的母黑猩猩,正把手伸到它嘴边恳求分给它一点。公黑猩猩扭过头来对母黑猩猩瞅(chǒu)了瞅,答应了它的要求。母黑猩猩把一小块淡红色的东西高兴地接过来送到嘴里,津津有味地嚼着。古多尔仔细一瞧,不觉大吃一惊:原来黑猩猩在吃肉哩!古多尔继续往下看,发现黑猩猩吃肉还有点新花样——喜欢添上一道"配菜"——揪一把树叶,和肉掺和着一起

吃肉的黑猩猩

吃。这时突然一块肉从公黑猩猩的手上掉了下去,说时迟那时快,还没等它去拣,母黑猩猩身边的小家伙嗖的一下跳下树来,想把这块肉抢走。可是它的运气不好,没有捞到一丁点儿。因为它刚到地上,正好和灌木丛里跳出来的一只滚瓜溜圆的野猪撞了个满怀。小家伙尖声叫着爬回到树上。野猪呢，哼哼着在地上前后乱跑。古多尔从望远镜里搜寻到那附近还有3只小花猪。显然黑猩猩吃的是野猪肉。那只公黑猩猩就是白胡子大卫，是古多尔最早熟悉的一个。最后，古多尔从大卫丢弃在地上的骨头，证实了黑猩猩吃的确实是小野猪肉。

过去科学家总以为黑猩猩是"吃素"的，平常只吃果子、树叶等素食，偶尔吃些虫子、鸟蛋或鼠类等小动物。现在出乎意外，生活在贡贝禁猎区的黑猩猩，居然还能吃比较大的兽类呢！

自然，黑猩猩食物中占主要的还是植物。古多尔后来一共采集了81种植物标本，它们是黑猩猩常来吃的。

紧接着这以后的两个星期，古多尔又有了一个新的发现。这时候进入了10月，短暂的雨季开始了，野火烧过的山坡上，有的地方青草正在发芽，有的地方开出各色的鲜花，大地像是铺上了一层挺好看的绿毯。一天早晨，古多尔已经转过了3个山谷，却连黑猩猩的影子也没见着。当她沿着陡坡艰难地登上山顶时，累得汗流浃背，直喘粗气。突然，在60米开外的深草堆里，只见有个黑乎乎的影子在移动。她赶紧举起望远镜一瞧，呵，有一只公黑猩猩正朝着她张望哩！它不是别个，正是白胡子大卫。

大卫在干什么呢？古多尔小心地走上前去。哦，它蹲在红黏土的小土堆旁，正细心地把一根长长的草棍伸进白蚁洞里。稍停一会儿，它提起草棍很有滋味地舔食着，吃得可香呢！大约过了一个小时，大卫才离开。古多尔趁这个机会，走到白蚁洞旁边。这里到处都是压碎的虫子，一片狼藉，许多工蚁正在修复被大卫破坏了的白蚁窝。古多尔从地上拣起一根大卫扔掉的草棍，学着它那样子，把它插进洞里。过一会儿，当她把草棍提起来时，看到上面竟挂着一长串工蚁和红脑袋的兵蚁哩！它们全都拼命地咬着草棍不松口，身子悬在半空中，可笑地挣扎着。

临走前，在白蚁洞附近，古多尔特地采了一些油棕树叶搞了个隐蔽处，准备以后继续来这里观察。可是一直等到第八天，才再次看到了黑猩猩钓

大卫和戈利亚正在钓白蚁

白蚁的有趣场面。这次是大卫和它的好朋友戈利亚一起来的,它们先用手指捅开白蚁洞的洞眼,把草棍插进去,当草棍折弯了不好用的时候,它们就把折弯的一头咬掉,或者干脆用另一头。它们还常常一下子摘下三四根草棍放在手边,随时取用。最有趣的是,它们拔起一棵草,紧紧地握在手心里,把上面的叶子全捋掉,剩下草茎,再用来钓白蚁。

古多尔清楚地记得,在她刚到贡贝不久,曾对大猩猩做过野外考察的沙勒博士来看过她。当时他对古多尔说:"如果你能见到一只黑猩猩在野外使用工具,那就是了不起的发现!"而现在,她终于发现了。

过去有的学者在西非发现过黑猩猩用石头敲碎油棕果的硬壳,取出里面的果仁来吃,或者用树棍伸进土蜂窝,然后舔吃树棍上的蜂蜜。古多尔想不到,现在在贡贝她亲眼见到了类似的事情。而且她还发现,黑猩猩不仅仅是简单地利用现成的东西做工具,还能够进行修整,使工具变得更适用。可以说,这是制造工具的萌芽。

有了上面的两个发现——食肉和使用工具,古多尔很兴奋。过去几个月的辛苦总算没有白费。黑猩猩除了吃野猪的肉外,还吃猴子、林羚等兽类。但剩下的问题是,是所有非洲黑猩猩都捕食兽类,还是只有贡贝的黑猩猩才这样呢?同样,它们用草棍钓取白蚁,是在所有非洲黑猩猩中都能见到的,还是只有在贡贝的黑猩猩中才能见到的呢?这些就要等待以后的进一步研究了。

古多尔获得了这两个发现后,赶忙用电报告诉了利基博士。他听到以后十分高兴,并且很快给古多尔来了信,并告诉了她一个好消息:美国国家地理学会已经同意拨出经费,支持她继续开展一年的野外考察。

雨中之舞

从每年的 10 月到第二年的 5 月,是贡贝的雨季。起初,10 月是"短暂的雨季";然后从 11 月下旬起,雨势转猛,一下就是好几个钟头,这是真正的热带暴雨。当短暂的雨季来临时,山上美丽极了,到处都生机盎然。往日被吸干了水分的灼热的地壳,突然遇到甘露的滋润,转眼间恢复了活力。阵阵轻雨像是一把刷子,先是把大地上的一切冲刷干净,然后又蘸(zhàn)着各种各样的颜色打扮着大地上的一切——雨后盛开的百花、新嫩的青草,像是给大地铺上了美丽的绿毯。古多尔喜欢把这段日子称作"黑猩猩之春"。

在雨季里,整个禁猎区的青草格外的旺,有些地方长得有 4 米来高,即使是在荒瘠的山顶,也长到两米左右。这给古多尔的考察增加了困难,即使站着也什么都看不见。她必须把一大片草压倒,或者爬上树去,才能观察。古多尔几乎变成树上的居民了。当她一想到早上要踏着湿漉漉的、冰冷的青草爬上顶峰,心里就有点畏缩,也很难强制自己从暖和的被子里钻出来。但她很快想了个办法:把所有的衣服和东西一股脑儿都放进塑料袋里,随身带着。一大清早没有人会看到她,这样,爬完山后就可以就地换上干燥的衣服,身上也就暖和多了。那时候,古多尔常常被锯子一样锋利的茅草刮伤,但后来皮肤变粗糙了,也就不大在乎了。

有一天,下起了暴雨,古多尔亲眼看到黑猩猩跳起了一种挺特别的舞蹈。整整半个钟头里,公黑猩猩在暴雨中,以疯狂的节奏活动着,它们拽起小树使劲地挥舞着,一会儿爬上树去,一会儿又跳下树来,而母黑猩猩和小

"雨中之舞"

黑猩猩则团团围坐着,一眼不眨地欣赏着这场精彩的表演。

那天早上,古多尔正望着一群在树上吃着无花果的黑猩猩。天色阴沉沉的,远处传来隆隆的雷声。中午下起了大雨,这时有 7 只成年公黑猩猩,其中有她熟悉的戈利亚和大卫,还有带着幼仔的母黑猩猩,在倾盆大雨中爬上山梁。忽地头顶响起一声炸雷,古多尔不由得哆嗦了一下。一只公黑猩猩像得到口令似的,立刻直立起来,按一定的节奏踩着步子,同时身子摇晃着。透过唰唰的雨声，可以听到它那洪亮的嗓音。突然，它转身朝下边一棵大树冲去，跑了约30米，猛然一停，一纵身跳到树杈上坐下了。其余几只公黑猩猩的动作，跟它也几乎一样。它们有的在奔跑中拽下一根树枝，就像演杂技似的在头上挥舞一阵，然后扔掉；有的直起身，有节奏地摇晃旁边的树枝，又拽下一根朝下边飞跑。它们嘴里还哇哇叫着。后来，那只带头跳舞的黑猩猩——这幕大型舞剧的创始者下了树，向山坡上走去时，其余的公黑猩猩也全都跟在后面。

那些带着孩子的母黑猩猩，都爬到山顶附近的树上，坐下来观看这场有趣而难得见到的演出。这时，瓢泼大雨从天空一泻而下，耀眼的"之"字形闪电，划破阴云；隆隆的雷声，震撼着大地。从赤道非洲的这个角落来看，好像发生了一次"世界性"洪水。

古多尔坐在另一边的山坡上，把身子藏在塑料斗篷里。风这么大，雨又下得这么急，她既不能抽出笔记本，也不能把望远镜举到眼前，只好静静欣赏着这一幕精彩的演出。她知道，要是现在是在故乡伦敦或者博恩默思，她是绝不会有这份幸运的。

半小时以后，演出结束，湿淋淋的演员安静了下来，观众也下了树，全体都跑到山顶后面去了。只有一只公黑猩猩还站在山顶，手扶着树干向下张望，仿佛演员谢幕。

有的科学家过去曾经宣称，某试验站的一群黑猩猩几乎会和人一样地跳舞。古多尔把这次看到的黑猩猩在大雨中集体表演的全套舞蹈，称作"雨中之舞"。她似乎是看到了一群原始人，在和恶劣的环境搏斗哩！

暴雨使许多野兽躲进草丛，给古多尔的考察增加了许多危险。有一天早上，当她向山顶攀登时，差一点撞在一头野牛身上。当时，这头野牛正躺在深草堆里，离古多尔只差4米来远。幸好风正向她这边吹，才没被它发觉。另一次，古多尔发现眼前有个白色的东西乱晃，定睛一瞧，原来是只豹，竟和她擦身而过。这只豹大概没有料到，两步之外居然会有个人！

不管怎么说，古多尔还是喜欢这儿的雨季，因为天气终究不那么酷热

039

了。在这凉爽的雨天里,她观察到了黑猩猩生活中的许多新鲜事。在开始掉雨滴时,它们都钻到有大片叶子遮盖的树下避雨。等到暴雨一来,到处都是水了,它们就干脆坐到又潮又冷的林中空地上,任凭大雨淋浇。年老的母黑猩猩芙洛,总是用自己的身子为小女儿菲菲遮风挡雨。芙洛另一个儿子大一点了,就和其他小黑猩猩一样,雨中在树上跳来蹦去,荡秋千,前后滚翻。这些动作,和前面讲到的成年公黑猩猩的"雨中之舞"一样,可能都是为了取暖。

到这时为止,如果古多尔在密林里和有些黑猩猩相隔80米开外,不再走近,那么它们就表现得相当平静。可是雨季里的两次遭遇,却使她吃了苦头。这使她知道,要和黑猩猩交上朋友,前面还有一段很长的路呢!

一天,古多尔穿过充满潮气的密林,水滴掉在头发上,冰凉的水灌进她的衣领。突然,只见一只驼着背的黑猩猩背对着她坐在那里,古多尔马上低下身子,免得被它看见。几分钟内,只听得雨点"唰唰"的声音,还有不知从哪儿发出的轻微的"沙沙"声和低沉的"呼呼"声。古多尔慢慢把头转向右边,什么也没看见,向原来的方向张望,前面那只黑猩猩不见了。忽然,在她正前方发出了"沙沙"声。她抬头朝树上一瞅,只见那个身强力壮的戈利亚坐在上面,它朝古多尔望了望,嘴唇紧闭着,轻轻晃了晃树枝。这时她的左边也发出了一阵"沙沙"声,她一回头,又看见一个黑影。一只黑猩猩的眼睛穿过草丛正盯着她,然后露出一只粗壮的毛茸茸的黑手,抓着垂下的树藤。忽然,背后又传来一阵低沉的"呼呼"声。古多尔意识到:她已经陷入包围了。

立刻,戈利亚发出了"呼啦——"的刺耳的嗥叫声,黑猩猩们都狂暴地挥动树枝,一阵泥土夹着树叶,哗啦啦地一齐落到古多尔的身上。她的神经紧张到了极点,她努力克制住自己,让自己保持在原地不动,虽然身体的每个细胞都在命令她:快快逃跑。她把身子紧贴在地上,突然不知谁用树枝狠狠地捶了她一下,然后一个黑影从灌木丛窜出,直向她扑来。古多尔贴在地上,心中暗自嘀咕:既然没有自卫的武器,就只得听天由命地等着被撕成碎片……

密林中的古多尔和黑猩猩

　　但是,在最后一刹那,那个黑影却掉转方向,跑进树林里去了。周围安静下来了,只听见"淅沥淅沥"的雨滴声。这时,古多尔才明白过来,她心头又喜又怕,她知道,黑猩猩现在毕竟不怎么怕她了。

　　第二次,发生在3个星期以后。当时古多尔正坐在山坡上,等着黑猩猩来吃树上的果子,忽然听见后边有脚步声,她就立刻屏住呼吸趴在地上。不一会儿,黑猩猩在离她不远处停了下来,发出了低沉的"呼呼"声,这是受到惊动而有点害怕的表示,说明它们看到了古多尔。突然,古多尔发现,一只大个儿公黑猩猩正坐在她头顶的树杈上,大声喊了起来。一接触到她的视线,它就狠命地摇晃树枝,甚至抱住树干使劲地摇。树枝夹着树叶,噼里啪啦地像暴风雨般泼到古多尔的头上。过了一会儿,她听到了一阵恼怒的叫喊,同时有件什么东西向她后脑勺掷来。古多尔将脸转向对方,只见这头公黑猩猩正摆好架势,准备随时向她扑来……可是最后它没那么做,一边走一边朝着古多尔望望,然后离开了。

事后,古多尔猜想,可能是她的一身斗篷,叫黑猩猩捉摸不透。它想弄清楚,这面前的"怪物"究竟是什么东西,便想着法儿叫她动弹。等到弄清面前是个有点面熟的人,它也就离开了。

古多尔把这次遭遇告诉了利基博士,他为古多尔没有立刻挪动而感到庆幸。他说:

"如果你挥动手臂,叫起来,或者表示出愤怒,你就可能被打死。黑猩猩只不过试探一下你是不是敌人。"

这事让当地老人马塔特知道了,他提到一只发了火的黑猩猩把上树去摘果子的非洲人的一只眼珠打了出来的事。古多尔这回和暴躁的黑猩猩碰上后居然没受伤,这在他看来真有点不可思议。于是他逢人便说:"这个呀,没有法术,是办不到的呀!"古多尔听了不禁哈哈大笑。马塔特老人的这番话,很快在村子里传开了,这可大大提高了古多尔在当地居民中的威望,她和当地居民之间的感情也更加融洽了。

通过近一年的考察,古多尔终于明白了:黑猩猩最初遇到人时害怕,见到人就慌忙逃走,处在防御状态;以后有个时期,它又变得对人怀有敌意,要侵犯人;最后才和人建立起安宁和平的关系。现在,大多数黑猩猩见到她已经不那么陌生了,她几乎被看作是同类——白皮肤的猿猴,而受到问候。它们有时见到她兴奋得"呜呜"地叫,摇晃起树枝;有时则无动于衷,随便地放她过去。

古多尔的母亲在雨季开始前就离开了营地。这时,霍桑来帮她的忙。

他是卡卡买加部落的人,曾经帮助利基博士工作了 15 年,是一个十分可靠、能干的助手。他经管小船,每月去基戈马领取供应的物品和寄包裹。没有这些人的帮忙,古多尔的考察工作,会是不可想象的。

古多尔把每天工作的日程表安排得满满的:从早晨五点半闹钟把她叫醒干起,一直干到天黑,夜里还常常要整理白天写下的考察记录,直到午夜时分,才挤出点时间给亲友、同行写信。她的体重很快减少了许多,以至她的妹妹珠蒂见到她时,看到她消瘦的模样,不禁大吃一惊。可是古多尔想:这又有什么关系呢,我乐意干这件累人的工作! 她知道,有多少科学家在期待着她,希望她从贡贝给他们送去关于黑猩猩研究的新消息啊!

1961 年 12 月,在利基博士的推荐下,剑桥大学同意让古多尔去那儿进修,做动物行为学方面的博士论文。刚和黑猩猩熟悉起来,现在又要分手,古多尔真有点舍不得。她想:不知道我这一走,大卫和戈利亚会生活得怎么样,贡贝营地里又会出些什么新鲜事呢?

营地新客

古多尔知道，大多数黑猩猩对待她，只不过是表现了宽容，可是白胡子大卫却进了一步，首先和她建立了友谊。

这事发生在 1962 年 4 月的一天上午，当时古多尔刚从伦敦回来。她在剑桥大学哈因德教授指导下进修动物行为学，然后又分别参加了伦敦和纽约的两次学术会议，宣读了她的关于黑猩猩行为研究的学术论文。论文报告引起了科学家们的极大兴趣，大家对这个容貌秀丽、成绩非凡的年轻姑娘不由得产生几分敬意和钦佩。

古多尔刚一回到营地，助手多明尼克和霍桑就激动地告诉她说：营地来过一只身材魁梧的公黑猩猩，就在帐篷附近的油棕树上吃果子哩！

它是谁？古多尔思忖着。为了早知分晓，她当即决定，第二天留在营地里守候。第二天，大约上午 10 点钟了，一只公黑猩猩从容不迫地走过古多尔的帐篷前，安静地爬上树，剥出油棕果的肉来吃，一边还高兴得"呼噜呼噜"地哼着。古多尔从它的举动和容貌一眼就认出来了，它是大卫！过了一小时，它下到地上，偷着朝帐篷里面瞅了一眼，然后走开了。这真是出乎古多尔的意料。曾经有好几个月，黑猩猩在 500 米以外一见到她就逃跑，可是现在，居然来到营地，就像在自己家里似的安闲自在……

有一次，古多尔坐在营帐前，大卫飞快地下了树，不慌不忙地一直朝她走来。当他们相隔 3 米光景时，它站住了，全身毛发都竖了起来，这使它身体的轮廓似乎立刻增大了一倍。它那凶暴的样子着实叫人有点害怕。研究过黑猩猩的人会知道，毛发耸起是某种非常强烈的感情——例如激动、愤怒、恐惧的信号,大卫这次的举动是什么意思呢?突然,它向古多尔扑来,从桌上抓起香蕉,慌忙跑到了一边。它的毛发慢慢松垂了下来,安静地吃着。

这以后,古多尔让厨师多明尼克一见到大卫,就把香蕉摆出来。这样,这位白胡子就常到营地来找香蕉吃了。过了一阵,戈利亚、威廉也加入了这个行列。

有一天,大卫独自来了,古多尔决定试一试,亲手给它香蕉。这是一个令人惊异的瞬间。当古多尔将香蕉拿出来时,大卫看上去有点担心。它毛发竖起,向她走近,同时发出了咳嗽似的喉音。接着它突然挺起身子,庄重地慢慢向前挪步,敲了几下树干,很小心地从古多尔手上取走了香蕉。

从此以后,古多尔每逢上山就带上一串香蕉,大卫一遇到她,就上来取。而那些伙伴们都一个个睁大着眼睛看着大卫,似乎是羡慕大卫的幸运,可是又弄不懂为什么自己没有这个缘分。即使不带吃的,大卫也要过来,在她身边坐上一会儿,轻轻地发出"呼呼"声,以表示问候。大卫的两个朋友——戈利亚和威廉渐渐地也对营地感兴趣了。它们开始很胆小,只是从树上的安全地点注视着,但大卫痛快地嚼着香蕉的场面使它们都垂涎欲滴,终于也都壮起胆子抓起香蕉来塞进嘴里。

使古多尔永远不会忘记的,就是黑猩猩对她的第一次承认。它发生得比这还早些,那是在1961年2月,她来营地后8个月的时候。这一天古多尔穿过树丛,走向大卫它们的身边。在离大卫、戈利亚和一只母黑猩猩只有20米的地方,它们见到了她,向她凝视着,却依然怡然自得地彼此捋着毛。它们的呼吸声都清晰可闻。在黄昏的柔和的光线下,它们身上的黑毛在美丽地闪烁着。而现在,大卫仁来营地取走香蕉,可以算是迈出了第二步,这说明黑猩猩对她的在场更习惯了。

黑猩猩也像人一样,各有自己的个性。大卫、戈利亚、威廉就各不一样。大卫性情特别沉静,显出天生的庄重。它举止从容,什么事都不慌不忙,并且总是想法让容易激动的戈利亚平静下来。它不怎么怕人在场,有它在，古多尔就比较容易和黑猩猩接近了。

戈利亚有一副宽肩膀和粗脖子，体格强壮，乍一看很容易被当作一只大猩猩。它是急性子，爱使用暴力。它的动作总是显得精力旺盛，所以受到了同类的尊敬。当古多尔第一次试着亲手给戈利亚香蕉时，它的表现和大卫就大不一样。只见它毛发耸立，操起凳子径直向古多尔掷了过来，几乎打着了她的腿。然后钻进丛林，两眼死死地盯着她。过了好久它才平静下来。当古多尔有时没有给它更多的香蕉时，它发火了，冲了出去，使劲敲打着地面，还拽下树枝，甩到空中，以表示心中的不满。有一次，由于没有给戈利亚发香蕉，它追到厨师多明尼克的妻子后面，还顺手抄起一把斧子，在头上挥舞起来。古多尔猜测，它大概不是拿它作武器，而是发泄自己的失望和不快。当古多尔拿着一只香蕉跑过去时，它立刻就平静下来了。

威廉上嘴唇带有一条被咬过的长伤疤，下唇狭长而低垂，见到别的黑猩猩总是低声下气，让人一看就像是老受委屈的、可怜的丑角。当古多尔第一次让它从手里取走香蕉时，它表现得惊慌失措，死死盯着香蕉，最后竟哭丧着脸坐到地上。见到威廉这副模样，古多尔不忍心，只好把香蕉搁在它的面前。

经过两年多的努力，度过多少个不眠的夜晚，古多尔终于打进了黑猩猩社会的内部，能够在近距离内对它们做系统的观察了！要是在早先，这几乎是完全不可想象的。多少有名望的科学家曾经梦想着能有这一天啊！

正在这时，利基博士推荐摄影师雨果来到贡贝，拍摄关于黑猩猩在野外活动和生活情况的纪录片和科教片。雨果擅长摄影，而且十分热爱和熟悉动物。古多尔不知这些黑猩猩会怎么对待挎着摄影机的人。第二天，她就让雨果待在帐篷里，等着看大卫吃香蕉。不久大卫来了，它照常吃完香蕉后才不慌不忙地走近帐篷，撩起一角盯着雨果，然后咕噜了几声便走开了。戈利亚、威廉也是这样。看来它们把雨果看作是白皮肤猿猴的一个代表了。

古多尔这时发现，黑猩猩喜欢嚼布料和硬纸壳，特别喜欢出过汗的有

没有得到香蕉的戈利亚挥舞着斧头，追赶着多明尼克的妻子

咸味的衣服。一次，雨果正在拍片，突然感到有谁使劲夺他的摄像机。这是干什么呀？仔细一看才知道，黑猩猩是要拿走他用来挡镜头的衬衣呢。自然，抢劫者就是大卫。原来，它沿着小路一直跟踪雨果，赶到隐蔽所时发现了这件好东西。雨果抓住衬衣的另一头拼命拉。衬衣被撕破了，大卫带着胜利品——一块布，高兴地爬上树，到同伴那里去了。黑猩猩们都挺有兴趣地瞧着刚才发生的这件事。这以后它们就允许雨果摄像拍照了，不过

营地"抢劫者"

他在隐蔽所里的衣物,几乎什么都没有留下。古多尔帐篷里的大部分衣服也都被黑猩猩偷走了,只剩下了两条衬裤和两件衬衫。更糟糕的是,她所有的被褥,还被威廉拖到了树上。

黑猩猩还喜欢嚼餐巾。在大卫朋友仨之间,威廉是真正的小偷。多明尼克在厨房一见到它走近,就冲过去赶紧保护正在洗的餐巾。

经过一段时期,黑猩猩终于慢慢和雨果混熟了,对于摄影机镜头的反光(开始古多尔故意在营地边插上些玻璃瓶,让黑猩猩习惯于这种反光)和按快门时的咔嚓声,也都不在乎了。特别是大卫,每当看到雨果时,总是离开猿群走过来,看看有没有给它带来香蕉。

这一年贡贝营地的圣诞节过得特别热闹。在用银箔和棉花装饰起来的小树周围,古多尔摆满了香蕉。这天一清早,戈利亚和威廉一起来到营地,看到这么多香蕉,都兴奋得高声喊叫起来,互相拥抱。最后,它俩大嚼起来,还不断心满意足地哼哼着。大卫来得晚得多,当它吃香蕉时,古多尔紧挨着它坐下，它显得特别安静。过了一会，古多尔小心地抚摸它的肩膀，它机械地抖落她的手，但她又一次照着做了，这次它当真允许她的抚摸了。一分钟，不再多了，它又一次抖落她的手，但它总算允许古多尔触到它了。它忍受了和人体的接触！要知道，这是一只生活在热带丛林中的成年公黑猩猩呀！这样的圣诞节礼物，古多尔是做梦也没有想到过的。

过了这一年圣诞节，古多尔将要离开营地，去剑桥学习一个学期。她在这里的最后两星期，叫威廉的病搞得很烦闷。这只公黑猩猩得了重伤风，两眼流泪，不停地咳嗽，干咳时全身都颤动。它一病，古多尔就离开营地跟踪它。只见它沿着河谷走了几百米，爬到一棵树上搭了个窝，还铺上树叶。它在窝里一边呼哧，一边咳嗽，一直躺到下午3点钟。有好几次威廉就在巢里便溺，这对于黑猩猩来说是很反常的。后来它离开了这里，爬上营帐附近的一棵树上，筑了个新巢。

这天晚上，古多尔很久没有睡着。半夜里稀稀拉拉地掉雨点了，她从床上爬起，走到山坡上威康的巢边，打开电筒照了照，只见它坐在巢里，膝盖挨着下巴颏，双手抱着膝。回来后，整夜下着雨，雨滴打在帐篷顶上发出均匀的声音，中间还传来威廉的咳嗽声。当暴雨倾盆而泻时，威廉发出了颤抖的叫喊声，许久以后才安静了。

早上威廉下了树，全身剧烈地打着寒战，连它那松弛的下嘴唇都哆嗦着，可是现在一点也不引人发笑了。古多尔多么希望能给它盖上暖和的被褥，给它身边搁上热水袋啊！为了让威廉发一点汗，她赶忙给它送去了一杯热的饮料。

接下来的一个星期古多尔一直和威廉待在一起。当大卫、戈利亚向山上奔去时，威廉却留在营地。看来它也明白，它已经没有力气走很长的路了。

这时，大卫的名声已经远近皆知了，谁都想来看看这只不同寻常的黑猩猩。一天清早，古多尔正陪着威廉坐在山坡上，看到载着远道来访者的汽艇靠了岸。古多尔想，按理她应该去问候一下这些远道而来的客人，可是她感到自己和这些黑猩猩相处惯了，和陌生人接触反而不怎么自在了。

客人们在湖边喝着咖啡,闹腾了一阵,最后没看到大卫就扫兴而归了。

在古多尔离开营地前两天,威廉把多明尼克帐篷里的毯子抢走了。后来白胡子大卫也来了,它们坐在一起,乱哄哄而又心满意足地各自吸吮着毯子的一头。突然威廉像个丑角一样,把毯子蒙在头上,探着手,似乎想摸着找到大卫。大卫吃惊地看着它,拍着它朋友的手。很快它俩一齐走进了丛林,只留下威廉那很响的咳嗽声和落在地上的毯子。从此以后,古多尔就再也没见到过她的朋友威廉了。

人工喂食站

　　不久,古多尔和雨果去剑桥待了一段时期,回到营地后就听助手们说,黑猩猩到营地来访问得更多、更勤了。一天,母黑猩猩芙洛带了大队人马开进营地,除了大卫和戈利亚之外,古多尔所认识的公黑猩猩——马伊克、简比、格利戈尔、哈克司利、利基、西尤、鲁道尔夫、哈姆弗里等几乎全到场了。它们见到搁在帐篷前的香蕉,一个个垂涎欲滴,终于壮着胆子跑了过来。

　　这样,黑猩猩对营地很快就熟悉了。怎么和它们建立更密切的关系,使它们敢和考察人员接近,考察人员又能在近距离内对它们进行系统的观察呢?古多尔经过一阵思索,和雨果等人商量后,决定建立一个比较长久的人工喂食站,一边用香蕉引诱黑猩猩,一边在旁边进行观察。

　　开始,古多尔把香蕉随便地撒在帐篷前面,可是,成年公黑猩猩一口气就可以吃下五十来只,而且狒狒也常常来捣乱。后来,古多尔在霍桑的帮助下做了一批混凝土箱子,装上可以朝外打开的盖,把箱子埋到了土里,到一定时间才向黑猩猩打开,喂给香蕉。

　　这时候,古多尔和雨果正在热恋之中。1964 年春天,古多尔结束了在剑桥的听课和他俩在美国的讲演后,和雨果在伦敦结了婚。婚礼办得挺别致。他们做了一个带有白胡子大卫塑像的结婚蛋糕,墙上挂起了大卫、戈利亚和芙洛等黑猩猩的彩色照片。路易斯·利基因为工作太忙没有来,但他送来了录在磁带上的贺词,还派了他的女儿和孙女作为代表出席了婚礼。

　　结婚前 3 个星期,厨师多明尼克从贡贝来信说:芙洛生了孩子。古多尔和雨果决定将蜜月缩短为3天,而后他们就急匆匆地踏上了归途。可能有人会不理解,可是谁叫他们选择了这样的工作呢!当他们最后登上靠近贡贝营地的湖岸时,4月的暴雨还在肆虐,他们匆忙地把行李放进了湖边的帐篷里。

这时雨果挽住古多尔的胳膊,并且指着前面说:"这就是芙洛的家。"古多尔喘了口气,很难相信她所见到的一切:3只湿淋淋的黑猩猩挤在帐篷对面的一棵无花果树上。那个老妈妈是芙洛,还有7岁的费冈、4岁的菲菲。他俩正细看时,芙洛举起了手。呵,不是3只,而是4只!只见她的腹部还有一只毛发黝黑的小黑猩猩呢!

雨停了。雨果手捧着一束香蕉。芙洛见到后就立即从树上荡了下来,把孩子弗林特夹在腹部,后面跟着菲菲和费冈。芙洛平静地取走了一只香蕉,它像是懂得,这是远道归来的主人赏给它的"见面礼"。

这是令人难忘的时刻。使古多尔感到惊讶的是,一只母黑猩猩竟这样地信任他们,把它刚生下不久的宝贝孩子带到了他们的身边。香蕉吃完后,一家老小都走了,雨果和古多尔围着帐篷的柱子高兴得跳起舞来。

接连几天下着雨,霉菌破坏了雨果摄像机上的透镜。营地的食物和用品开始短缺,因为洪水浸没了从达累斯萨拉姆到基戈马的铁路,最后连奶酪、糖都断绝了供应,邮件也停止了。在这样叫人沮丧的境遇下,古多尔迎接了远道而来的一名荷兰的志愿考察者考宁。她花了3个月时间,终于来到了坦桑尼亚,登上了洪水浸没铁路之前开往基戈马的最后一趟火车。原来,她读了古多尔在美国《国家地理》杂志上撰写的关于黑猩猩考察的第一篇文章后,就决定协助古多尔考察,于是自费从南美的秘鲁长途跋涉来到这里。对于这样的知己,没有寒暄几句,她们就彼此找到了共同的语言。

到了这时,黑猩猩在营地的举动变得越来越放肆了。它们把营地里的一些东西破坏得不像样子。有只叫简比的黑猩猩还学会了从土里挖出盛香蕉的混凝土箱。"壮小伙"费冈和艾维莱德还用木棍伸进铁丝下边,撬开了箱盖。越来越多的黑猩猩学着大卫的样子,钻进帐篷,乱扔被褥(rù)和什(shí)物。这样,逼得古多尔把所有的东西都一股脑儿塞进大铁箱,或者大木箱里。由于戈利亚的带头,所有的黑猩猩对篷布都发生了兴趣,它们三三两两坐在一起,把帐篷的一个角或者椅垫撕成小片,然后大嚼一顿,有些帐篷就这样报销了。

然而这一切还不是最可怕的。这时有几只最会捣乱的公黑猩猩,居然闯进当地居民家闹事,拿走他们的衣物。古多尔担心,当地居民为了保护自己的财物会想办法驱赶这些黑猩猩,如果没吓住它们,反而引起它们更大的反抗,还不知会闯出什么祸来!所以在考宁来后不久,他们决定将人工喂食站转移到远离村子的深山沟里去。转移工作进行得很顺利。一天晚上,他们在新地点放上投喂香蕉的箱子,然后又把帐篷和设备搬了过去。接着的事就是要让黑猩猩熟悉新营地。古多尔将永远忘不了雨果带着黑猩猩上山的那些场面。

这天上午,古多尔早一步先到了新营地。他们要设法把黑猩猩从老营地吸引过去。上午 11 时,古多尔打开步话机,向待在老营地的雨果说:

"喂,你听得到吗?"

"听得很清楚,"从步话机里传来雨果的答话,"这里有许多黑猩猩:戈利亚、芙洛……我能把它们带上来吗?"

古多尔同意了。从老营地到新营地要爬一个陡坡,过一道梁。可是很快,古多尔听到了黑猩猩的尖叫和呼喊,以及雨果的声音。他已经跑到了山顶,腋下夹着一只木箱,紧跟在后面的有 14 只黑猩猩,它们个个毛发直立,兴奋得直叫。

古多尔已经按照雨果传来的吩咐,把一串串香蕉扔到通向新营地的小路上。这时成群的黑猩猩越过雨果,扑向香蕉,高兴得直叫。因为发现这意外的美餐,互相又是拥抱又是亲嘴。古多尔急忙离开小路,因为大个儿黑猩猩——戈利亚、简比、马伊克和大卫一个个都十分激动。凭她过去的经验,在这种状态下,它们很可能会袭击人。

当雨果气喘吁吁地跑着,最后摔倒在路上时,这群黑猩猩已经安静了,

053

原来它们一个个嘴里都塞满了香蕉啦!

后来,雨果告诉古多尔刚才发生的事:在离开老营地时他带上了一个香蕉箱,当黑猩猩走得很近时,他一边奔跑,一边扔出了箱子里唯一的一根

雨果向黑猩猩投食香蕉

香蕉,可是箱子却歪放着,看上去像盛得很满的样子。当他向陡坡跑去时,一直在担心,这群尾随的黑猩猩会因为发现箱子是空的而发起火来,把他的箱子砸个粉碎。

幸好黑猩猩们迅速平静了下来,并且很快习惯了这个新建的喂食站。

过去很少登门的,例如还未成年的黑猩猩和年轻的母黑猩猩,现在也都跑到新营地来了。它们老是整天在营地里转来转去,等着吃香蕉,并且时常打架、闹事。其中闹得最不像话的要算是菲菲、费冈和艾维莱德。这3只年轻的黑猩猩很快就找到了窍门,这就是只要拔掉插销,就可以打开盛香蕉的箱子。艾维莱德的举动最为鲁莽,它一个接一个地弄开箱子,直到自己撑饱了为止。别的黑猩猩也"趁火打劫",跟着一拥而上。这样,"创造者"艾维莱德每次顶多也只能拿到一两只香蕉。为了自己能独享成果,艾维莱德总是早早地就跑到营地来,要争头一个,这样它可以吃个痛快。

菲菲和费冈就要狡猾得多。它们很快就懂得,不管搞开多少只箱子,论等级它们反正什么也弄不到手,所以它们干脆装出若无其事的样子,和妈妈芙洛一起安静地躺着。等到别的黑猩猩都走开了,才各自打开一只箱子吃起来。有时,它们忍不住早早地走到把手旁边去拧铁闩。但是它们不像艾维莱德那样性急,而是装出心不在焉的样子,用一条腿支住杠杆,坐在地上彼此捋着毛,眼睛望着别处,从来也不去看箱子。有一次,费冈就这样坐了足有大半个小时。其他黑猩猩不会开箱子,可是它们很快明白了,只要在旁边耐心等待,总可以分到一份香蕉的。

为了对付机灵的菲菲和费冈,后来古多尔想法让人在内罗毕定做了一批可以远距离操纵的箱子,只要在实验室里一按电钮,箱子就可以打开,这样黑猩猩不用老围在箱子边了。最后,隔十多天才给黑猩猩喂一次香蕉。这样,古多尔和其他考察队员可以像最初那样,重新在密林里跟踪黑猩猩了。

人工喂食站的建立,对于古多尔初期打开局面起了一定的作用。在当时没有现成经验可以借鉴的情况下,采用此法也可以理解。然而不少灵长类学家认为,这种方法带有人工干预的因素,它打破了野生灵长类固有的生活秩序,对了解自然状态下的动物行为是不相宜的。古多尔在以后的日子里也不再采用它了。

芙洛的一家

在暮色中,古多尔登上山顶的观察站。她打开一盒罐头,又在用树枝架起的壶里加进了水,点着了柴。明月高悬,朦胧的山色美丽而又显得诡秘。在离黑猩猩的巢 50 米开外,古多尔盖上毯子,在临时搭起的简易床上躺了下来。可能这些动作惊动了她的"邻居",黑猩猩开始大声嗥叫起来。这又惊动了躺在下面山谷里的一群狒狒,当黑猩猩安静下来以后,狒狒又大声叫嚷起来。

现在,她的"朋友"们一个个睡得很香,可是古多尔却躺在陡坡的一半处,只有一株小树挡住了她,使她不至于滑落到下面的沟壑中去。一连串的问题在她脑海里翻腾,使她迟迟不能进入梦乡。黑猩猩的家庭究竟是怎么组成的?孩子们认得自己的父亲吗?母亲怎么照顾自己的孩子?小黑猩猩又是怎样发育、长大、成熟的?……

芙洛的孩子弗林特的降生,引起了家族内的好一阵热闹。上下左右谁都想来看看它们家族里这个刚出世的小宝贝长得什么样,就像我们哪家生了贵子,亲戚朋友都要来登门道贺一样。有的亲亲小家伙的脸蛋,有的摸摸它的鼻子或胳膊,特别是它的哥哥费冈和姐姐菲菲,都想争着把它抱走,抢着要和它亲近。自然,观察小弗林特也成了这一年里古多尔最大的乐事。她每天都要记录它行为中的细微变化,因为这是她所观察和记录的第一只在野外出生的小黑猩猩。芙洛和它的一家,早就是古多尔的老相识了,现在她们更是亲如一家,时常相伴了。

黑猩猩生下来时和人的婴儿一样,几乎毫无气力,但很快手脚都有了力气,使它能抓住母亲腹部的长毛,吸吮着母亲的奶,跟着在丛林、旷野里到处走动。最初4个月,婴儿从不离开母亲一步,后来慢慢拉开了距离。母亲总是记住自己的职责,小心翼翼地保护着它,生怕它失去平衡、磕伤碰坏了。

这一天,老芙洛刚刚饱餐了一顿油棕果,在阳光下仰天躺着逗弗林特玩。它用自己长了茧子的粗大的脚掌,抓住弗林特的小手,把它高高举起,而这小宝贝蹬着腿,令人发笑地摇晃着身子。母亲伸出手去呵它的痒,弗林特张大了嘴笑着。坐在一边的女儿菲菲,不时地用手碰碰自己的小弟弟。

弗林特出世以后,芙洛的两个大儿子——法宾和费冈待在家里的时间越来越多了。哥儿俩玩得很起劲,古多尔能清楚地听到一阵阵急促的呼吸声,那是黑猩猩的一种几乎不出声的笑。这时,芙洛把弗林特贴在怀里,走到树荫下给它捋毛,菲菲紧挨着,没去理睬两个哥哥。可以看出,菲菲对自

黑猩猩芙洛的一家

己小弟弟的兴趣非常大,几乎到了入迷的程度。

芙洛坐了下来,用它的一口老牙去咬弗林特的脖子,呵它的痒。菲菲在一边给弟弟捋着背上的毛,而母亲一点也没去管它。要是早先,弗林特刚两个月时,母亲早不让它这么干了。那时候,菲菲为了能碰着小弟弟,就

得要点儿滑头。它先给母亲理毛，然后越来越靠近弟弟贴在母亲身上的小手，偷偷瞅母亲一下，再急忙去摸一下弟弟的小手。等到弗林特长大一点时，芙洛就允许菲菲跟它玩了。它俩并肩坐着，姐姐扯着弟弟的小手。突然弗林特一阵呜咽，看来是姐姐把它扯疼了。芙洛马上推开女儿的手，把小儿子拉进怀里。闹情绪的菲菲手捂着头，噘着嘴，身子前后摇晃，但眼睛却始终没离开小弟弟。当弗林特长大到三四个月，全家在森林里漫游时，菲菲有时就可以带着弟弟走了。

古多尔从身体发育的程度，估计法宾是芙洛的长子，当时大约11岁，费冈大约8岁。它们并不太爱和小弟弟玩，尤其是费冈，好像还有点怕。有一次，费冈没有去抱弗林特，弟弟噘着嘴转身奔向菲菲，然后又哀叫着把身子探向哥哥。芙洛听到声音以为出了什么事，跑了过来。这时费冈把双手举得高高的，活像个俘虏举手投降似的。它的这副神态其实是在表明自己的清白，像是在告诉母亲，"你看，我可没有欺负弟弟啊！"

不久，弗林特可以骑在母亲的背上，在密林里一起前进了。古多尔发现，所有的小黑猩猩，到了一定年龄都会这么干。而叫人吃惊的是，菲菲也开始把小弟弟背在背上。这显示了小黑猩猩是如何通过模仿学会各种动作，学会解决生活中的各种新问题的。弗林特也正是学着母亲和哥哥姐姐的样子，才慢慢学会了行走、爬树。

母亲见到别的小伙伴跟着自己的儿子玩，表现得毫不在乎，而做姐姐的却特别小气，只要一看到它的朋友中有谁挨近弟弟，它就扔开一切，挥手顿脚，拼着命地要把客人撵走。有时她甚至驱赶"大客人"——成年的黑猩猩，当然只限于地位比它母亲低的那些。菲菲还不让哥哥和小弟弟玩，在这方面它要了点挺巧妙的手腕。一旦法宾和费冈来跟弗林特玩，呵它的痒或者摇晃弟弟的身体时，菲菲就想方设法把哥哥们引开——她先走近哥哥身边，自己和哥哥玩起来，等到哥哥忘掉了小家伙时，菲菲就撒手跑了，悄悄地把小弟弟带走。看到这种场面，古多尔总是不免感到惊奇，而且她知道不久以前，菲菲的母亲也正是用这种办法，把菲菲从弗林特身边引开的。

快满 8 个月时，弗林特能够用腿站得相当稳当了。它开始和菲菲围着树干相互追逐，在地上打滚，相互呵痒，一起做各种游戏。

小黑猩猩喜欢把树林里的东西当作玩具拿来戏耍，例如把硬壳果当作小球玩。菲菲有时还不知从什么地方找来一只死耗子，拽着耗子的尾巴逗乐。

钓白蚁的季节来到了。有一天，全家都在白蚁窝边张罗，芙洛钓上来白蚁，菲菲和费冈上去吃。可是很快兄妹俩就腻了，而芙洛老是不愿走，只有它的兴致特别高。钓白蚁不怎么顺利，钓上来的越来越少。费冈好几次转身想走，但是瞅了一眼母亲，只好又返回来。弗林特呢，到哪儿去都无所谓，它懒洋洋地在白蚁窝边踱步，偶尔打死一只落到它手里的白蚁。突然，费冈站了起来，走到小弟弟旁边，屈着腿，伸出手，轻轻地招呼弗林特过来，让它骑到背上，然后把它带走了。过了一会，母亲见儿女们走了，也就只得跟着离开。以后一个多星期里，古多尔多次看到，每当儿女想早点离开白蚁窝，要催促母亲一起走开时，就用这个妙法。当然儿女们也不是每次都能成功的，小弟弟常常避开"抢劫者"，奔到母亲身边，或者母亲有时自己夺回小儿子。这样，法宾、费冈和菲菲只好认输，懒洋洋地在母亲身边踱来踱去。

小弗林特到了 1 岁，身体平衡能力加强了，它会斯文地玩上几个钟头，挂在树枝上，或者做几个体操动作。如果和别的小朋友相遇，它们就互相拍拍身体，或者共同抢一根树枝玩。

到了 2 岁，弗林特就更加活跃了，游戏的冒险色彩也更浓了。它一会儿跳呀蹦呀，一会儿荡秋千，或者在树上玩前后滚翻，简直是一分钟也不安静。长辈们对它很和气，无论小家伙拽它们的毛发，或是把手臂搭在它们的脸上，还是咬它们的耳朵，它们总是心平气和地陪着它玩。

到了 3 岁，小弗林特就慢慢能独立了，只是它还常在母亲身边转悠，这样一直到五六岁为止。这时它已经不再骑到母亲的背上，也不和它晚上同睡在一个巢中了。游戏变得更加粗暴和野蛮，但它还喜欢和小朋友一起摔

059

淘气的小弗林特

跤和追着玩儿。

据古多尔观察，到了8岁左右，黑猩猩就进入青春期，开始性器官的发育。再过三四年，它就变成了成年黑猩猩，正式地加入了成年社会。

在平常黑猩猩成群地活动时，芙洛这一家子总是挨在一起。子女们不知道自己的父亲是谁，而且兄弟姊妹也不见得是同一个父亲。父亲在家庭生活和照顾后代方面，并没有担负什么责任。幸好芙洛是一只胆子挺大的母黑猩猩，当它的子女受到威胁时，它就会毫不犹豫地奋起保卫。有一次看到菲菲遭到狒狒的威胁，芙洛就用双手拍打地面，使劲用脚踩地，毫不畏惧地向对手示威，最后把侵犯的狒狒撵跑了。它的勇气和性格，使它在黑猩猩群中占有相当高的地位，受到了其他的母亲和小伙伴们的尊敬。

老芙洛在生下弗林特以后，从来也没忘记大女儿，经常带它一起走。

菲菲五岁半时,有一次同伙伴们玩耍,芙洛先离开了,它见菲菲没有跟上,找了几回又没找着,就走了。等到菲菲发觉时已经晚了,它为见不着妈妈低声抽泣着,爬上一棵大树四下张望,又失望地号啕大哭起来。然后它下了树,一边哭叫,一边跌跌撞撞地朝着和芙洛及弗林特相反的方向跑去。古多尔亲眼见到了这一系列场面,她跟在菲菲后面。菲菲有时停下来朝周围望望,又哭哭啼啼地上了路。

这时天慢慢黑了下来,菲菲毫不理会,还朝前走着。路上遇见了奥尔莉和它的女儿吉尔卡,它也没有停下来。再向前走了一阵,看看天色已晚,它就选了一棵高大的树,在近树梢处搭起了巢。古多尔已经不止一次观察过黑猩猩筑巢。这个活比较简单,一般黑猩猩只用三五分钟就完成了。它们先找些树枝铺在下面,上面铺上叶子,然后摘下四周所有带叶的细枝垫上。为了睡得舒服,菲菲躺下一会以后,又坐了起来,伸手抓一把带叶的细枝垫在头下,作为枕头。有趣的是,黑猩猩除了母亲和小家伙同住一个巢以外,一般都是一只一巢,而且每天都筑新巢。

菲菲在入睡前不断呻吟和翻身,看来它很伤心。为了更仔细地观察它的行为,古多尔这一晚没有回营地去,就在菲菲的巢底下过夜。半夜里她醒了3次,发觉菲菲都在哭。黎明以前,菲菲离开了巢,走进树林里去了。当上午古多尔来到营地时,雨果告诉她,菲菲一早就来到了这里,不过还在哭,最后终于在营地附近找到了失散了一夜的一家子。

就在这前后,古多尔看到了一个挺有意思的场面,从这里她发现了费冈的智慧和机灵。那时候,为了让别的黑猩猩也能得到香蕉,古多尔开始把香蕉藏在树上的枝叶里。一次,"小伙子"费冈发现了这秘密,但它没有立即去拿,因为在这棵树上坐着戈利亚。费冈很快地瞅了戈利亚一眼,然后退到一边,在帐篷后面一个看不见那只香蕉的地方,坐了下来。过了十几分钟,戈利亚走了,这时费冈闪电般地扑向刚才那棵树,抓起了香蕉。很清楚,费冈是充分估计了形势的——如果它过早地爬上树去,戈利亚肯定会从它那儿抢走香蕉的。费冈也不能老待在那棵树下盯着香蕉,这样容易把那个秘密地点暴露给对方,因为对手们会根据费冈的眼神识破这一点。所以费冈不仅克制了自己的急切的愿望,甚至后退了一步。为了赢得最后的胜利,它巧妙地做了个漂亮的假动作。

"王位"之争

  黑猩猩社会的内部有些什么样的组织？它有没有君王、臣民一类的等级之分？这是许多科学家都关心的问题。古多尔在自己的长期考察中，发现黑猩猩社会内部的结构是相当复杂的。别看在日常漫游中每一群黑猩猩的成员经常变动，就以为它们不过是偶然凑在一起的，其实根本不是这么一回事。每一只黑猩猩都很明白自己在同伙中的地位，以及自己同周围伙伴之间的关系。它们的社会等级制度和人类的很相似：最上面的一级是发号施令的大首领；它的下面是各级官员，常常爱显示一下自己的权威；最下面的是安分守己的小人物。据她观察，1963年以前，戈利亚在这一地区的公黑猩猩中，地位就相当高。每当黑猩猩汇合成群的时候，第一个受到欢迎的几乎总是它。威廉似乎生来就是一副卑躬屈膝的样子，不论到哪儿都要给人低头作揖。它在公黑猩猩中的地位，明显地不如戈利亚和大卫，而大卫又不如戈利亚。

  公黑猩猩夺到猎物后分食的情况，是挺有意思的。它对每一只向它哀求施舍的黑猩猩的反应，也是各种各样、因猿而异的。一天，一只叫哈克司利的公黑猩猩逮着了一只小林羚，简比、豪里斯和威廉3只公黑猩猩正围坐在它的身边，伸出手来要肉吃。有好几次，哈克司利撕下一片肉放到简比伸出的手心上，豪里斯又从简比那里讨到了一点肉。可是威廉呢，讨来讨去都没要着。它冒了个险，想上去咬一口。这一下惹怒了哈克司利，它立刻抓住威廉，咬了它一下子。简比也冲了下来，追赶尖叫着的威廉。这么追了一阵，简比和威廉又爬回到树上。哈克司利揍了威廉四五回，简比也照着这么欺负它。可怜的威廉既不想逃跑，又不想还手，它只是在那儿苦苦地哀叫。它伸出手去碰了一下惩罚者的嘴唇，想求得对方的和解与宽容，这样总算平静了下来，可是到头来威廉还是没吃到一丁点儿肉。它在黑猩猩群中的地位，就是这样的低下、窝囊，又有什么办法呢？

按等级分食猎物

马伊克在 1963 年底还是属于地位最低的公黑猩猩，每次拿香蕉它总是轮在后面，许多成年的公黑猩猩都可以欺负它。有时和别的黑猩猩打架，它的毛发被一把把拽掉，看上去都光秃秃的了，显得十分狼狈。可是第二年春天，当古多尔和雨果从伦敦回到贡贝时，它就变得几乎让人不敢确认了。这只公黑猩猩上升到最高等级这件事，非常有趣。

当时，助手多明尼克告诉古多尔，马伊克的地位是这样上升的：它利用营地上放着的空煤油箱，作为显示自己威力的手段，去威吓周围的黑猩猩，终于占了上风。

没过几天，古多尔就亲自领教了马伊克的这套稀奇的"魔术"。当时有5只公黑猩猩，包括等级较高的戈利亚、大卫，它们正在互相捋着身上的毛，马伊克就待在离它们30米远的地方，气氛宁静而安逸。不料，马伊克突然站了起来，冲到帐篷边，拿起一只空煤油箱，接着又拿起另一只，它两眼直盯着那几只好端端地坐着的公黑猩猩，开始摇晃起煤油箱，慢慢地晃得越来越厉害。它的毛发也竖直起来，同时发出一连串的尖叫。一会儿，它平地跃起，使劲地敲着身前的煤油箱，冲向那一群黑猩猩。刺耳的喊叫，夹着煤油箱的轰鸣声，把那些公黑猩猩吓得一个个魂不附体，赶紧退到一边，提心吊胆地看着有生以来从未见到过的这一套法术。马伊克又这样重复了一次。为了威吓它的主要对手、原来的首领戈利亚，它又开始了第三次行动。它把煤油箱弄得轰隆隆直响，一蹦一跳地，径直向戈利亚猛冲过去。戈利亚见势不妙，只好急急忙忙给它让路。

不一会儿，那几只公黑猩猩挨个儿俯下身子，用下嘴唇去吻马伊克的腿以表示顺从，大卫也这么照办了，只有戈利亚照旧坐在一旁，不服气地直愣愣盯着自己的对手，好像在说："老兄，你别神气，下回再瞧我的！"

古多尔经过考察了解到，每一群黑猩猩中的首领，由成年公黑猩猩担任，它掌管整群成员的外出、采食等事务，在这群黑猩猩中占有至高无上的地位。然而这不是固定不变的，到了一定时期，经过激烈的争夺，首领地位就会转移到更加强大的对手身上。上面这种显示自己威力的行为，常常在它们激动的情况下发生，一般用的是树枝或石块，而像马伊克这样有效地利用人类的器材，那是它独家的"发明创造"。

不久，马伊克又一次拿起空煤油箱来，这一回变本加厉，用上3只煤油箱来发声，一口气在草地上跑了60米，把等级比较高的公黑猩猩都一个个吓跑了。慢慢地，马伊克使用煤油箱时变得越来越不安分。有一回，它把古多尔的后脑勺也揍疼了，而另一次又打碎了珍贵的摄像机。营地上的考察人员只好把煤油箱收藏起来。于是，马伊克就开始拿它能拿到的任何东西，甚至把古多尔装了东西的大柜推倒在地，造成难以想象的嘈杂声。于是，大家又把东西藏起来或者埋在地下。这样，马伊克就只好像其他黑猩猩一样，使用树枝和石块了。

到这时候，马伊克在自己同伙中的地位已经大大提高。等级较低的黑猩猩自然十分怕它，它也常常无缘无故地去攻击母黑猩猩或小家伙，而它跟原来的首领戈利亚的关系，就变得格外紧张起来。戈利亚不肯轻易输给这个新露头的首领，经常跑去威吓对手。在争夺首领的这段时期，它总是竖起毛发，拽着粗树枝到处攻击别的黑猩猩，两眼时常透出凶狠的光。有一次，戈利亚嘴里叫喊着从山沟里回来，马伊克也立刻摆出一副好斗的架势，爬到树上，盯着对手走来的方向。"仇人相见，分外眼红"，戈利亚一见是马伊克，拽起一根大树枝就奔了过来。马伊克也毫不示弱，它在地上跳跃，扔石头，最后跳上戈利亚坐着的那棵树，发狂地摇晃起来。戈利亚也不

马伊克在使用空煤油箱

相让。这两个对手面对面站着，使劲地猛摇树枝，把树干晃得就像要倒下似的，后来又干脆跳到地上决斗。马伊克还边扔石块，边踢着树干。这样持续了近半个钟头，双方各不相让，各显其能，而且搏斗得一次比一次更激烈。后来停了许久，戈利亚出乎意料地停止了表演，看来它已经屈服了。它跑近马伊克，低下身子，高声尖叫着，并且狂热地为胜利者捋毛，似乎是在说："老兄，还是你行，我服你了！"

公黑猩猩这种对首领地位的争夺，一到 13~15 岁就露了头。古多尔见

过到了这种年龄的法宾和别彼，它们一见到比自己等级低的公黑猩猩，就要露一手。因为伙伴们认为，谁有本事谁就理应占据高的地位，所以有的年轻的公黑猩猩就相当放肆，有时甚至去威吓成年长辈，即使是那些等级较高的黑猩猩，见到这些大发雷霆的"半拉小伙"，也要退避三舍，赶忙躲得远远的。

古多尔想，如果这些煤油箱没有进入黑猩猩的生活的话，情况又将怎样？马伊克会不会夺到首领宝座呢？这个问题看来很难回答。不过她觉得，马伊克终究会达到自己的目的的。首先，它醉心于当首领。有些黑猩猩这种欲望很强烈，有些倒是压根儿没这种野心的。此外，马伊克还具有特殊的才能和出众的体力。马伊克当上头头后不久，有些公黑猩猩想法子要推翻它的"王位"，可是它一点也不退让。有一天，马伊克闯进营地扔石头，无意中碰着了大卫。大卫不是好战分子，它要是避不开，往常就总是躲到像戈利亚这样比较强大的同伴背后，求得保护，但要一旦惹得它发火，那发作起来就变得格外可怕。这一回，大卫高声喊叫着跑近戈利亚，然后转身对着马伊克。见到这般情景，古多尔和雨果就明白大卫已经怒火冲天了。突然，它向马伊克猛冲过去，戈利亚也随后跟着，齐声叫喊着。马伊克穿过草地奔向另一群黑猩猩，打算显一下自己的威力。那群黑猩猩本想逃跑，可是大卫和戈利亚叫喊着，和它们会合在一起了。现在站在马伊克对面的有5只公黑猩猩了，其中包括原来的首领戈利亚。马伊克高喊着爬到树上，对手们也都上了树。看到这个场面，古多尔和雨果当时估计，戈利亚这回可能要夺回首领宝座了。使他们俩感到吃惊的是，马伊克既没有跳到别的树上，也不打算溜走，反而转过身来，疯狂地摇起树来。接着，它出乎意料地直向对手们跳了过去。那些黑猩猩见势不妙，惊慌地四处逃窜，一个个没命似的从树上纷纷落下，跑掉了。现在变成马伊克去追它们了。不一会儿，它毛发耸立，怒目圆睁，那些受惊的对手一个个提心吊胆地盯着它。马伊克靠着它的勇敢，在这场较量中最后又占了上风。

通过长期的观察，古多尔了解到，在成年黑猩猩之间存在着各种各样

067

的关系。有些黑猩猩相互很少接触,只是有时在同一棵果树上吃东西,或者共同追求一只雌性时,才会偶然相遇;而另一些黑猩猩呢,就时常做伴,相处得很亲密,甚至彼此有着多年的、十分牢固的友谊,就像戈利亚和大卫、威廉那样。马伊克和简比也是一对好朋友,自从马伊克当上首领以后,简比也沾了光,它的等级地位顿时高了许多。古多尔曾经看到,有一回当简比想走近香蕉箱时,戈利亚把它赶跑了。简比虽然马上跑开了,可是眼睛却盯着马伊克刚才走去的方向,原来马伊克离得很近。过了几分钟,马伊克就带着一副寻事儿的架势走来,它显然是想弄明白,是谁在找它老朋友的茬。而简比一见自己的保护者来了,立刻变得神气起来,胆也壮了,步子也迈得威武了。它跑到了戈利亚身边的香蕉箱那里,戈利亚这时只好乖乖地退走,虽然马伊克并没有插手干什么事。

在一群黑猩猩中间,所有成年的公黑猩猩和许多年轻的公黑猩猩,都要比成年母黑猩猩地位来得高。然而在母黑猩猩中间,也有等级高低的差别。许多年里芙洛就一直在母黑猩猩中占着最高的地位,受到几乎所有母黑猩猩的尊敬。

在所接触的这群黑猩猩中,谁将在下一场争夺首领地位的搏斗中占据宝座?古多尔觉得,这个问题是很诱人的。她常常为此和同事们争论,甚至打赌,就看未来形势的发展来判断谁对谁错了。

和狒狒的厮杀

一起嬉戏的小黑猩猩和小狒狒

在贡贝禁猎区的密林里，生活着许多猴子。除了疣猴、红尾巴和青尾巴的长尾猴以外，还有不少狒狒。这种猴长着像狗一样的头部，身体强壮，经常攻击别的动物。根据古多尔的观察，狒狒和黑猩猩之间的关系很复杂。成年的狒狒和黑猩猩平常漠不关心，而它们的小家伙却常常在一起玩耍，很合得来。有时候，成年黑猩猩和狒狒可以待在一棵树上，挺平静地一起吃东西，有时候又发生激烈、紧张的搏斗，其中闹起事来的多半是黑猩猩，它们总是想乘机捉住小狒狒，来美美地吃上一顿。

从 1963 年古多尔开始给黑猩猩喂香蕉起，狒狒就整天围着营地转，它们也想捞上一份。这样，它们和黑猩猩之间的冲突就很难避免了。

黑猩猩逮狒狒的场面是挺惊险的，不过开头几年看到的机会很少。1967 年起，贡贝禁猎区正式命名为贡贝国家公园，逐步建立了科学研究中心，几年来从美国、英国等地来了不少大学生在这里实习。当黑猩猩对人在场一点都不怕了之后，古多尔和同事们就有不少次亲眼看到了它们和狒狒之间激战的精彩场面，发现了许多有趣的东西。黑猩猩对狒狒和其他兽类，有时采取突然袭击的方式，而在不少场合，猎捕活动是经过精心策划的。这时整群黑猩猩共同投入行动，表现出惊人的协同一致。

有一天，古多尔目睹了黑猩猩费冈是怎么和一群狒狒干起仗来的。这天，费冈和一群黑猩猩正待在树荫下的草地上，离它们不远处有两只狒狒——一只大的正在咯吧咯吧地咬着油棕果的硬壳，另一只年轻一些的也正在吃着旁边一棵树上的果子。突然，费冈猛地站起，朝着狒狒的方向走去。它那紧张的步态，立即吸引了马伊克的视线，它开始全神贯注地瞅着，像是预感到一场决战即将爆发似的。

费冈跑近树边，向年轻的狒狒瞅了一眼，然后向上爬去。对手一发觉，立即发出了尖叫声，还恐吓地龇（zī）着牙，纵身跳到了旁边一棵油棕树的树梢上，费冈也追着爬近树梢。狒狒又跳回原处，叫喊得更响了。费冈从容地追踪着目标，从一棵树跳到另一棵树。突然，它出其不意地向狒狒扑去，眼看要逮住目标了，可是刹那间狒狒纵身向下一跳，越过六米来长的距离，落到了下面一棵小树上。

营地里待着的所有公黑猩猩，一直直愣愣地瞧着这场战斗，许多伙伴全身挺立，毛发耸起，摆好架势，随时都准备投入这场激战。说时迟那时快，一旁观战的马伊克已经奔向狒狒落下的那棵小树，可是有只成年的狒狒这时发出了震耳的吼叫，迎面挡住了它的去路。这时，年轻的狒狒跳到地上，狂喊着逃跑了。马伊克追着它，成年狒狒又追着马伊克，所有其他的猿猴也在草地上奔跑、追逐。而原先费冈要捕捉的目标——那只年轻的狒狒，却在这一片混乱之中溜之大吉了。

在长期的考察中，古多尔常常看到黑猩猩捕食兽类的场面。被它们抓住吃掉的有小野猪、林羚、疣猴、长尾猴和狒狒。在她来贡贝以前，甚至听说这里发生过两次黑猩猩袭击当地小孩的事。其中有一个孩子，人们费了很多周折才从成年公黑猩猩那里夺了回来，可是手脚已被咬掉一半了！大概在黑猩猩眼里，人和狒狒长得差不多，尤其是小孩，在黑猩猩饥饿时都是可以拿来填肚的。

古多尔有一次还亲眼看到了黑猩猩抓住一只小狒狒的情景。事情发生在一天清早，鲁道尔夫和格利戈尔、哈姆弗里等几只黑猩猩，坐在草地上高高兴兴地大口嚼着香蕉。这时正好营地上边的山坡上走过来一只狒狒，被鲁道尔夫瞧见了。它连忙站起来，从营地的屋子边绕了过去，其他三个伙伴紧跟在后面。它们一个个像老手似的蹑手蹑脚地悄悄向目标逼近。古多尔出于好奇，也走近前去以便看个究竟。不一会儿，狒狒使劲地吼叫起来，黑猩猩也发出了嗥叫。古多尔走了过去，透过枝叶见到了"领头羊"鲁道尔夫。只见它全身挺立，伸手猛地一把抓住狒狒的腿，举过自己的头顶，然后将猎物的头狠命地往石头上砸去，当即结果了它的性命，然后它拽住死了的狒狒奔上山坡。它的伙伴们叫喊着跟了上去。

这时候，几只成年的狒狒岂肯罢休，它们拼命嗥叫着，追上来和鲁道尔夫相撞，似乎准备决一死战。可是使古多尔觉得奇怪的是，等到双方稍一挨近，这群狒狒却很快放弃了追赶，也许是它们明显地看到自己势单力薄，远远不是黑猩猩们的对手。等鲁道尔夫在大树上一坐定，四周很快围上了一大群赶来的同伙。虽然它们中间有的等级地位相当高，可是却一个个都低声下气地央求鲁道尔夫给一点施舍，然而鲁道尔夫这一天着实有点小气。当马伊克掌心向上，恳求给一点肉时，鲁道尔夫粗鲁地推开了它。而戈利亚一伸出手来，鲁道尔夫干脆把背转向它，根本不理睬。后来，简比又胆小地抓住死狒狒，想朝自己这边拉，鲁道尔夫发出了像咳嗽似的威胁声，把猎物又拽了过去。

黑猩猩捕抓狒狒

　　黑猩猩吃起肉来可仔细啦，仿佛是在津津有味地品尝着一道美餐。这一天，鲁道尔夫这顿饭足足吃了9个钟头。它几乎吞下了整只狒狒，只是偶尔把嚼过的肉，吐到旁边向它要食吃的黑猩猩的手心里。

　　古多尔一边看着，一边在想：鲁道尔夫的等级比较低，可是它为什么竟这么大胆，敢粗暴地拒绝首领马伊克的恳求，敢威胁在等级上比自己高的戈利亚和简比呢？尤其叫人惊奇的是，这些伙伴为什么不去从鲁道尔夫那里夺一点吃的呢？经过分析，古多尔得出的结论是：对黑猩猩来说，兽肉比起香蕉等一般素食来更为珍贵，是它们最爱吃的东西，一旦拿到手就不会轻易放开，它会为了占有这猎物而决一死战，所以伙伴们都要怕它几分。这时原来的等级关系暂时遭到了破坏，而等级比较高的公黑猩猩因为自己没有吃到兽肉而火冒三丈,都把怨恨和愤怒全部发泄到地位比较低的黑猩猩头上。这样,母黑猩猩和小家伙就最受罪了。古多尔和同事们这时如果在场,也会遭到公黑猩猩的忌恨。

有一次,古多尔和雨果就为此吃了苦头。这一天,他们俩见到马伊克杀死了一只狒狒,它把兽肉大方地分送给自己身边最亲近的几位,其中包括简比和几只公黑猩猩。另外5只公黑猩猩只可怜地拣了一点残羹,全都气得鼓鼓的。它们为了发泄心头的怒火,一个个在树上耍开了威风,把待在那里的等级比较低的黑猩猩全撵跑了。白胡子大卫受到的委屈和苦恼,似乎比谁都厉害。它眼巴巴地看着马伊克美滋滋地吃着上等的好菜,自个儿只好咽下口水,心里火烧火燎似的难受。古多尔和雨果为了拍摄这些难得的镜头,就不声不响地几乎紧挨着这群黑猩猩,一边在草地树丛间爬行,一边执行着任务。

可是谁能料到,这却犯了个大错误,使他们差点遭遇一场大祸。不久,5只公黑猩猩怒气冲冲地向他俩奔来。它们挺直了身子,扬起手臂,凶猛地嗥叫,直愣愣地盯着他们俩。尤其是大卫,尽管它脾气比较温和,对他俩一向很友好,这次却大发雷霆,大叫着扑来。古多尔和雨果马上逃跑,大卫在后面追着。雨果在往回跑的路上,摄像机的暗箱被树枝钩住了。他想脱身,没想到却被灌木越缠越紧。这时大卫已近在咫尺,怎么办?事到如今,他俩想,只得听天由命了。到彼此相距只有两米时,公黑猩猩才终于停住,它们哇哇地连叫了几声,然后才转身回到其他黑猩猩中间去了。

这是古多尔来贡贝以后碰到的最危险的一次。大卫有着比其他黑猩猩更可怕的地方,是因为它根本不怕人。这种情况下为了避免挨揍,唯一的办法就是快快逃跑。这也是他们和黑猩猩之间发生的最后一次冲突。看来这些公黑猩猩最后明白了,这两个人并不想抢走它们的肉,所以后来即使它们分配兽肉时,也完全准许他们在场了。

古多尔还发现,黑猩猩逮野兽时总是集体一起行动,从中可以看到相互合作的萌芽,这也许正是它们胜过狒狒的地方。而且一只黑猩猩逮到了野兽,大都把肉分给大伙吃。这些特点,和人类远古的祖先所做的很相像。分配兽肉,在类人猿中间才能见到,而在猴子这样的低等的灵长类中就没见到过。有一次,古多尔看到了一个有趣的镜头:年老的华尔泽见到戈利亚逮到了东西,就伸出手去向它恳求要一点,一边还像个小孩似的嘴里哼哼着。戈利亚简直每过 5 分钟就要挪个地方,可是对方还是死死缠住不放。戈利亚有 10 次推开华尔泽的手,打算走开了事,可是华尔泽仍不死心,还是挥着手臂叫喊着。最后大概是受不了对方的叫喊,戈利亚干脆把狒狒撕成两半,扔给了华尔泽一半,才算完事。

黑猩猩和狒狒搏斗的胜负,往往要看敌对双方个体的能力大小。黑猩猩似乎心里明白,对哪一只狒狒应当避开,而哪一只狒狒又容易赶跑。狒狒也同样觉察出,从母黑猩猩和幼仔手里最容易夺取东西。它们都怕公黑猩猩华尔泽,因为它胆子大,常常是它第一个向狒狒扔起石头或其他东西来的。有一次,华尔泽怒气冲冲,竟把整串香蕉扔向自己的对手,这下子可

华尔泽将整串香蕉扔向对手

真叫狒狒乐开了怀！后来，华尔泽似乎总结了教训，它细心一些了，只向狒狒扔大石头了。以后其他黑猩猩也都学起它的样子来，可是因为用的石块都太大，很少能击中目标的。

黑猩猩和狒狒都有着比较发达的智力，它们之间有时通过各种方式进行交际。例如，古多尔见过一只母狒狒向华尔泽点头哈腰，表示恭敬和顺从。华尔泽呢，就伸手碰它一下，对它表示和好。有一只叫乔帕的老狒狒，还常常走近年轻的黑猩猩，伸手示意，要它们给自己捋捋毛呢！

一天，古多尔观察到了一个有趣的场面：年轻的黑猩猩费冈想对老狒狒乔帕捉弄一番，它吊儿郎当地笔直朝老狒狒走去。一眼就可以看出这"半拉小子"准要淘气。费冈故意地碰撞乔帕，并且呵它的痒，可是老狒狒照旧纹丝未动。于是费冈又出了个鬼点子，它把额头紧贴对方的额头，几次用头顶对方，使乔帕险些儿摔倒。最后，老狒狒发火了，它做了个威胁性动作，向前挪了一步，同时露出了一口老牙。费冈见此情景，只得慌忙退走了。

要说小黑猩猩和小狒狒之间的关系，就要亲密得多了。它们常常喜欢在一起嬉戏，绕着树干互相追赶，又蹦又跳地闹个不停。一见到对方，就像见到老朋友那样，亲热地凑在一起。有的时候，它们之间的友谊甚至可以维持一年以上。

"语言"和交流

在你的童年时代,可能就曾经幻想过,如果有个人能够熟悉野兽的脾气,听得懂它们用各式各样的声音说出的"话",自由自在地和野兽生活在一起,就像一家子一样,那该多有意思!你会想这样的人肯定是个了不起的、世界上最聪明的、最有本事的人!你多么希望自己也变成这样一个有本事的人!

古多尔小的时候正是这样一个充满幻想的孩子。满周岁时妈妈送给她的玩具黑猩猩,她一直保存着。她多么想有一天和真正的、非洲密林里的黑猩猩生活在一起啊!没有想到,过了30年,在远离故乡的贡贝的密林里,她小时候那种近乎神话般的幻想,竟开始变成了现实。

黑猩猩既然有相当发达的智力,它们彼此之间是怎样交流情况、表达感情的呢?它们内部有没有自己的语言?古多尔常拿这些问题问自己。在和贡贝的黑猩猩朝夕相处的日子里,对它们的一呼一叫、一举一动,她渐渐地都琢磨出了其中的含义。她已经熟悉了在黑猩猩社会内部通行的那种"语言"。

有人常常问起古多尔:"黑猩猩有语言吗?"自然,黑猩猩不会像人那样说话,也不会像人那样认字,它们没有掌握像人那样发达的语言,但它们会用丰富多彩的叫声、动作、手势等等,来表达它们的情绪,报告各种消息,这是黑猩猩社会内部通行的一种特殊的语言。据科学家研究,黑猩猩至少会发出32种不同的声音。比如,当黑猩猩发出音调较低的"呼呼"声时,这是它们在相互表示问候;如果发出一连串低音调的"哼哼"声,那是说,它们开始吃到了某种好吃的东西。自然,如果你只是根据叫声判断,你会以为这些野生的黑猩猩总是在打架、拌嘴。尤其是当两群黑猩猩相遇时,有时会疯狂地发出各种不和谐的音调:雄性大声地号叫,敲击树干,摇晃树枝,而雌性和它的幼仔就发出尖叫声,在路上猛冲。这一切,其实只是表示兴奋和高兴而已。黑猩猩喜欢用动作表达它们强烈的情绪反应。这种情景,和久别的亲人或老朋友重逢的时候,喜欢高声叫嚷、又拥抱又接吻的场面,十分相像。

有时,黑猩猩之间也会发生拌嘴,这时它们就常常做出手势和大声叫嚷。有一天,古多尔走出营地,看到一只年轻的黑猩猩正在成年黑猩猩的身边安静地吃着东西。这时恰巧它们同时把手伸向同一只果子。年轻的立即缩回了手,但同时向成年的大声地发出尖叫。那只成年的黑猩猩也发出尖叫,并且碰碰对方。这样过了一段时间,双方才消了气,一场口角才平息了下来。

黑猩猩在外出寻找食物的路上,如果见到了食物,就会兴奋得发出刺耳的尖叫。有一次,古多尔听到下面山谷传来黑猩猩的呼唤声。起初是一只,然后是两只、三只,叫得很响亮。过一会儿又奇怪地听到像是谁在敲鼓,这种鼓声响遍整个山野,四处都传来响亮的回声。后来仔细一看,原来是黑猩猩正对着一段中空的树干敲打着。它们用这种鼓声来告诉同伴,像是在说:"这里找到吃的啦,大家快来啊!"当地的居民告诉古多尔说,这是黑猩猩在过"狂欢节"呢!

如果黑猩猩外出见到了猛兽,或是叫它害怕的东西,就会发出拖长的响亮的"乌啦"声。古多尔刚到贡贝禁猎区时,黑猩猩在近处突然见到了她,十分惊慌,也发出这种声音。这是非洲密林里一种最粗野的叫声,就像人遭到了大难喊救命一样,听起来叫人毛骨悚然。伙伴们只要一听到这种声音,就一齐奔向出事地点,救助自己的同伴。

你可能见过,当一个小孩犯了过错而受到母亲处罚时,就会老是跟在母亲的后面,哭哭啼啼地抓住母亲的衣裙,直到妈妈可怜起他来,拉住他的手才平静下来。在黑猩猩中间,也有这样的场面。有一天,年轻的费冈受到等级比它高的同伴的欺负,它感到一肚子的委屈,于是就在地上又蹦又闹,哭哭啼啼。直到对方走近它,摸了它几下以后,这才安静了下来。

另外,黑猩猩还常常通过接触或手势,来交流情况,表达感情。古多尔看到,母亲要走开时,就碰碰它身边的小黑猩猩,或者拍几下树干,意思是说:"你下来吧!"如果要向谁讨一点吃的东西,黑猩猩会像人一样,手心向上,伸出手去。如果它们拍拍身边的树枝,它的意思是在说:"我们到那儿相聚吧!"

当黑猩猩在彼此捋毛时,如果有谁捅一下对方,那它的意思是在说:"老兄,该轮到我啦!"有一回,古多尔就看到,有3只公黑猩猩坐在那儿,挺自在地相互捋着身上的毛。这时走过来一只母的,在3个伙伴身边挨个儿捅了一下,意思是让大伙儿给它捋捋毛,可是谁知道,没一个理睬它,到头来它只好耷拉着脑袋,伤心地坐了下来,自己给自己捋毛了。

有趣的是,古多尔还多次见到过黑猩猩彼此接吻和拥抱的场面。有一回,费冈和它的母亲芙洛分别了整整一天,当第二天遇到芙洛时,它就用嘴唇亲了一下母亲的脸,就像一个长大了的孩子吻母亲的脸颊一样。又有一回,戈利亚坐在林间空地上,这时大卫走了过来。它俩都奔跑了起来,面对面地站立,然后挽起臂膀,像老朋友似的拥抱,同时兴奋得小声尖叫。

叫人奇怪的是,黑猩猩虽然具有复杂的交际系统,可是孩子受了伤,却没法传达给母亲,即使能够,母亲也无能为力。

有一次,一只大蚂蚁死叮住小弗林特的嘴唇。大约20分钟时间里,小弗林特喊叫着,挣扎着,可是做母亲的只是把它搂得更紧一些罢了。看来它不明白引起儿子痛苦的原因,虽然明明看得见蚂蚁。

有一天下午,古多尔听到小黑猩猩的一阵尖叫声。不久,曼蒂抱着它受伤的孩子小珍妮走过来了。小珍妮左胳臂的肉都翻了出来,挂着带血的肉片,露出了骨头和肌腱。噢,原来是小珍妮的手臂断了。事情是刚刚发生的,但已经没有希望了。古多尔这时想,即使她去帮忙,曼蒂也会带着孩

久别重逢,费冈给了母亲一个"吻"

子逃走。

孩子带着痛楚的表情,蜷缩在母亲的怀里,曼蒂若有所失。小珍妮这时又发出揪心的痛叫,曼蒂将它搂得更紧。这个做母亲的看来并不明白,它怀抱着的小宝贝遭受了致命的创伤。

眼泪顺着古多尔的面颊往下流淌,她还是强制着自己看下去。曼蒂一次也没有察看过孩子的伤口或者舔舔它,可能是由于害怕,它似乎没有去理会引起孩子痛楚的原因。

两天以后,古多尔见到了曼蒂。她待在对面的小山上,躺在它死去了的孩子的身边,并且不时地转过身来为别的伙伴捋毛。在一座小山顶上,曼蒂最后把孩子的尸体丢弃了。

古多尔在长时期的考察中发现,黑猩猩会用某些和人相同的手势。她的老朋友白胡子大卫,会用手势和她进行交流,用这种方式,向它的"白皮肤的朋友"重叙友谊。

这是一个晴朗的日子,古多尔跟随着大卫离开营地,回到山上去。这时她感觉到，大卫是带着高兴和赞赏的神态陪伴她一起走着。因为有好几次，当古多尔穿过缠绕的藤蔓努力跟上它时，大卫总要等她一会儿。古多尔和大卫钻进了密密的树林。大卫躺下，睡去，然后起来，缓步地走向淙淙作响的山间小溪。在小河边，他们肩并肩地一起畅饮那清澈的溪水。

前面地上有一颗鲜红的油棕果，古多尔捡了起来，送到大卫面前。大卫看了一眼，转过身去躲开了。当古多尔把果实递得更近一些时，大卫先看看油棕果，然后看了一下古多尔，闻了一下她的手，然后轻轻地却是果断地握住了她的手。古多尔害怕了，抖动了一下。于是大卫松开手，看着果实落到了地上。

从大卫这友好的一握中，古多尔已经体会到了这位黑猩猩朋友所要告诉她的一切，这就是对于人的信赖。大卫虽然把送给它的油棕果扔掉了，但是古多尔递给果实时的手势和她所表达的友好感情，大卫是领会到了的。

友好的一握

在这一瞬间，古多尔内心的激动是无法用语言形容的。虽然这一次握手很短暂，但古多尔想，这是给予她的奖赏，对她多年来的全部努力、辛劳所给予的最高的奖赏！

头一个 10 年

　　这已经是正午时分了，古多尔登上阳光闪耀的山顶，像往常一样向四处搜索着黑猩猩的踪影。山坡上的岩石被火辣辣的太阳烤得滚烫，然而山脚下临近湍急的溪水的山谷里，却依然清凉而寂静。古多尔伫立着，侧耳倾听着最轻微的沙沙声，因为只有这声音能告诉她，附近是否有黑猩猩。

　　古多尔没有把自己隐蔽起来，现在这已经不必要了。她向黑猩猩停留的地点靠近。当她坐下后，它们一个个照样自在地捋着毛。有一只黑猩猩站在近处，向古多尔看了一眼，这是一只顶呱呱的公黑猩猩。和所有生活在贡贝禁猎区的野生黑猩猩一样，它们都显示出自己那种特有的庄严和沉静，两眼透露出平和而信赖的目光。有几只黑猩猩甚至兴奋得呜呜地叫，这是在向她表示问候呢！

　　现在，古多尔已经能踩着黑猩猩的脚印，跟在它们后面一起在密林中漫步了。能得到黑猩猩的这种承认，是相当长时间耐心等待的结果。记得10年前，那是 1960 年，在英国准备行装时，几个曾经在野外碰到过黑猩猩的考察家，曾经十分好意地再三叮嘱她不要靠近黑猩猩，除非自己隐蔽得很巧妙，否则决不要干那种傻事。然而，随着考察的进展，慢慢地她能走近黑猩猩了，直到最后她终于坐在它们中间了。事实说明，只有通过这种密切的接触，才使古多尔观察到了以前没有记录过的黑猩猩行为的各个细节。也正是她所创立的与野生猿类密切接触的独特的考察方法，开创了猿类考察史上的先例，成为后来许多考察家效仿的典范。

　　今天，通过这 10 年来的频繁接触，古多尔终于熟悉了黑猩猩的各种叫声和手势，了解了它们群体内部的结构和成员之间各种复杂的关系，探索到它们在使用工具、吃兽肉等方面的一些奥秘。

在使用工具方面，尤为值得一提的是，除了钓食白蚁之外，古多尔和雨果还看到了黑猩猩会制作"海绵"，来帮助自己在干旱的时候喝到水。一天，他们俩跟着奥尔莉和它的子女艾维莱德、吉尔卡在树林里漫步。当时已有很久没有下雨了，气候干燥，看得出黑猩猩也口渴得难受。突然，艾维莱德站住了，它走到一棵被风吹倒了的树干旁，弯下身子在找着什么。很快它发现了一个小树洞，于是摘下几片树叶，嚼了一嚼然后吐出来，把它塞进了树洞里。过了一会，当它取出一团嚼过的树叶时，上面挂满了水珠。原来，这只黑猩猩是在用自己制造的"海绵"，从树洞里吸水呢！它吸了一会儿，然后又放进树洞里去。它的妹妹吉尔卡也学着哥哥的样，做了块小"海绵"，塞进树洞去。可是因为水已经被哥哥吸干了，它只好扫兴地丢掉"海绵"，走开了。后来，古多尔和雨果有意地在倒下的树干上挖了个洞，没过多久，果然看到黑猩猩又用自己嚼过的树叶，从"泉眼"里吸水来喝。

古多尔喜欢时常独自去老营地逗留，或是在当年第一次上岸时的湖边徘徊。这时，充满戏剧性的往事，又一幕幕地在她的脑海中浮现。这种回忆时常使她陶醉。当古多尔在 1960 年第一次踏进贡贝的密林时，她哪里会想到，对黑猩猩的考察工作会取得这么大的进展，10 年以后还会在这里建立起一个科学研究中心呢！

近几年来，营地来了许多美国、英国的大学生和学者，研究的计划扩大了。这里的科学家们不仅考察黑猩猩，而且还考察狒狒和疣猴。从 1967 年贡贝禁猎区正式取名叫贡贝国家公园以后，过去荒凉的山地，现在变得热闹起来了。除了山坡上的观察站，往上还盖起了考察队的研究室，湖边渔民的茅屋附近，建起了考察人员住的"科学新村"。

也正是这一年，古多尔和雨果生了个孩子，取名叫格勒伯。他俩知道，在成年黑猩猩的眼里，儿童和小猴子是没有什么两样的，它们很可能把格勒伯吃掉，所以他俩为儿子造了一所带栅栏的小屋，免得遭到野兽和黑猩猩的袭击。有时候，鲁道尔夫或年轻的艾维莱德紧闭着嘴，竖着毛，盯着这间小屋，并且使劲地摇着树枝。要没有铁栅栏挡住它们，它们准会把格勒伯抢走。如果父母亲都在身边，格勒伯就跑到外面来玩，在松软的湖边沙滩上奔跑，或者跳进波光粼粼的湖水中游泳。当古多尔和雨果上山考察时，他就和当地的保姆待在小屋里。格勒伯对这块地方十分喜爱，他见到人老是嘟哝着："这里是地球上最好玩的地方，是地球上最好玩的地方呢！"是啊，这里的确是地球上最好玩的地方，古多尔和雨果也同意儿子的这个看法。

10年过去了，古多尔的几个黑猩猩好朋友的命运怎样了？大卫、戈利亚后来怎样了？芙洛是不是当上了祖母？在马伊克之后，又将是谁登上首领的宝座？

好！就让我们从老妈妈芙洛的两个大儿子——法宾和费冈说起吧！从小时候起，这兄弟俩就喜欢在一起玩。现在它们都已经成年了，依然形影不离，并且当有一个受到侵犯时，另一个就为它撑腰、助威。有一天，年轻的公黑猩猩艾维莱德来到营地，挑衅地向费冈走去时，费冈立即跑到哥哥法宾的身边，然后哥儿俩一鼓作气把"侵略者"赶出了营地。接着，它们在草地上来回大步走动，挨个儿显了显自己的威风。它们又是摇树、顿脚，又是嗥叫，倒霉的艾维莱德吓得只好一直躲在树林里，发出一连串丧气的叫声。

马伊克呢，现在还一直保持着最高的等级地位，但是可以看出，它有些心神不安，感觉到了来自年轻一辈的挑战和威胁。古多尔估计，有朝一日，费冈将夺得首领的宝座。第一是因为它聪明机灵；第二有哥哥法宾的支持。戈利亚现在很不幸，不久前它病了，依靠大卫的支持，才勉强在黑猩猩中保持了一定的地位。但是大卫在一场流行病中死去了，失去朋友以后，戈利亚便变成了地位最低的公黑猩猩，即使碰到半大的"小伙"，它也得闪开道表示退让了。

老妈妈芙洛呢，也快度完自己的余年了。古多尔和黑猩猩朋友们相处

083

古多尔和儿子格勒伯

惯了，所以不论它们之中谁死去，她的心都感到十分沉重。当白胡子大卫死去的时候，格外使人哀痛。古多尔知道，自己在许多方面多亏有了它呀！研究工作的开始以及古多尔最初的成功，都和大卫分不开。正是这位外表庄重沉稳又注重情谊的猿朋友，第一个承认了她，第一个允许她走近，第一个来到营地，并且第一个从她手里拿走香蕉。多亏大卫，古多尔才第一次知道，黑猩猩能吃兽肉并能使用工具。正是由于这些发现，才好不容易获得了又一笔资金，使贡贝的考察能继续进行下去。大卫还帮助古多尔结识了许多黑猩猩，这些黑猩猩后来都成了她的老相识。她和这些猿朋友们，建立了难忘的友谊。

周年例会

通红的篝火在夜色中跳跃着,映照出一张张兴奋的脸。在这铺满了鹅卵石的湖滩边,古多尔和黑猩猩研究中心的全体同事以及他们的家属,围坐在一起。古多尔的儿子格勒伯,这个从小在非洲密林里长大的孩子,现在已经11岁了。今天,他也和自己的母亲一起,从支得高高的大锅里捞出野山羊肉,大口地嚼着,咂咂有声地品味着。这是贡贝例行的宴会。古多尔每到6月中旬,就要邀请大家到这里来,庆祝她和母亲琬恩踏上贡贝河畔的又一周年。

此刻,丛林和群山都已沉睡,星星在天上眨着眼睛,像是要和篝火晚会上的客人们搭个话似的,四周的一切构成一幅静谧而神秘的图画。远处重叠的山峰像是一个个石铸的巨兽,有的像雄狮,有的像猎豹,有的像大象,给这片夜色增添了威严和肃穆的感觉。偶尔可以听到丛林深处传来的树叶的沙沙声和黑猩猩的呼叫声。

此刻,丛林和群山陪伴着我们的主人公古多尔一起陷入了沉思。宴会后,宾客们一个个唱起了动人的当地歌曲,这歌声在篝火周围荡漾,一直传向宽阔的坦噶尼喀湖彼岸,也在古多尔的心头激起了回响。她回忆起1960年刚刚踏上这片土地时的遭遇,当时充满心头的那种陌生和孤独的感觉。然后,她结识了最初的三位黑猩猩朋友——大卫、威廉和戈利亚。如今,它们的尸骨已冷,被掩埋在陈枝落叶之下,可是它们的音容笑貌,却一个个生动地留在了她的记忆之中。

十多年以后,当1974年在这湖边举行14周年庆祝活动时,贡贝发生了多大的变化啊。那一次，大约有 20 名大学生，和当地野外考察的助手们一起围坐在篝火旁。这些大学生大多数来自美国，有些来自欧洲和坦桑尼亚的达累斯萨拉姆大学。可是到了 1975 年举行周年庆祝活动以前，却有 4 名大学生遭到了绑架。那是从扎伊尔河彼岸来的一批武装歹徒，夜间袭击了贡贝，两个月以后才将这几名大学生释放，所以庆祝晚会上没有了大学生。从此，由坦桑尼亚本地的助手参加考察，他们充满了自信和热情，使这个研究中心的工作一直顺利地进行了下去。

古多尔此刻想得很多。她想到了自己的导师利基博士，没有他的开导和培养，她和她领导下的贡贝研究中心就不会有今天。她回忆起当年利基博士为了替黑猩猩考察工作筹集资金，亲自到美国讲学的情景。往往在一天之内，他不知疲倦地奔走于大学、研究所和博物馆之间，连续地做着讲演。为了支持万里之外的贡贝黑猩猩考察，只要能得到一笔很低微的讲演费，他再辛苦也不在乎。在一次讲演中，一件不幸的事发生了：由于疲劳过度，他身子后倾，头部撞在讲台的角上……1972 年，这个一向精力旺盛、举世闻名的人类学家，过早地离开了人间。

这时，许多熟悉的面容从古多尔的脑海里闪过：雨果、琬恩、当地助手阿道尔夫和霍桑、当地政府官员、哈因德教授，以及许许多多年轻的大学生……她懂得，没有这些人的参加和支持，就不可能将眼前这项长期的考察工作进行下去，她的一些重要的著作——《我的野生黑猩猩朋友》①《在人的阴影中》也绝不可能问世。她尤其还想到了一位在贡贝考察中献出了年轻生命的姑娘，她的名字叫芦斯。1968 年的一天，芦斯在山上连续地跟踪观察成年的公黑猩猩，由于过度劳累，不小心从崖顶摔下，6 天以后才找到了她的遗体。如今，她静卧在她最喜爱的贡贝的丛林之中，日夜聆听着她所心爱的黑猩猩的叫声和树林的喧哗声。

087

---

① 已被译成 48 种语言出版，中译本书名为《黑猩猩在召唤》，1980 年出版。

野蛮的凶杀犯

近来,有一件事特别引起了古多尔的注意,这就是1970年以来贡贝地区不断发生黑猩猩突然死亡和失踪的事件。她很早就相识的老朋友、当过首领的戈利亚,也没逃脱灾难。有一次,5只公黑猩猩向它围攻,一顿拳打脚踢,当场揍得它不能站立。第二天后,营地的考察人员就再也没有看到它。

古多尔知道,几百年来,在那些经典著作里,从没有说过猿猴会吃自己同类的。她早先虽然发现贡贝的黑猩猩会吃狒狒,可是总以为它们对待同类是性情温和的,即使在激烈争斗的场合,除了逞凶、威胁性的嚎叫以外,也很少会伤害对方。她哪会想到,黑猩猩有时还会变成野蛮的凶杀犯,残忍地自相残杀,在它们的内部一直保留着自己原始的战争方式呢?!

每一群黑猩猩占有一定大小的领地,有13~20平方千米,相互不能侵犯。古多尔发现,成年黑猩猩常常三五成群地聚在一起,沿着边界线巡逻。这些巡逻的"卫队"成员在执勤时动作沉着、镇静,它们迁移时,会用鼻子闻一闻地面,捡起树枝和树叶嗅一嗅,搜寻着入侵者的踪迹。有时,它们还特地爬上高大的树顶,向敌方的领地瞭望。如果这巡逻的卫队碰到了另一方来的队伍,双方就大叫一番,但都不越过边界线。可是,如果遇到的是对方家族里的单个的黑猩猩,或者是母黑猩猩和幼仔,这些担任警戒的公黑猩猩就会向对方发起袭击。1970年以来,古多尔就记录了10次这一类的袭击,有3只小黑猩猩死去。

古多尔看到过,贡贝南北两大家族派出的巡逻队如果在边界线附近发生遭遇,公黑猩猩们就会狂呼乱喊,敲打树干,拽起树枝大发怒火。它们这种示威性的举动,目的就是要吓退对方。

那是 1974 年年初,从北部家族来的 5 只黑猩猩抓住了南部家族的一个"越境者",它们对这只公黑猩猩连踢带咬,折磨了 20 分钟,使这个"越境者"鲜血直流。后来,野外考察人员和大学生们找了几天,始终没有见到这个受害者。

围攻"越境者"

一只叫玛达比的老年母黑猩猩死得更惨。有一天,几只公黑猩猩抓住了它,揍得它死去活来,都不能动弹了。后来它在一个十分隐蔽的灌木丛里躲藏了起来,让野外考察人员找了 3 天都没找到。它 10 岁的女儿找到了它,于是在一旁陪伴着母亲。这时,两位野外考察队员拿来了香蕉和水喂玛达比,想使它的身体恢复过来。玛达比在它女儿的陪伴下喘息着,"孝顺"的女儿又给母亲捋毛,又给它赶苍蝇。可惜 5 天以后,玛达比还是死了。

1975 年以后,贡贝河畔又接连发生多起黑猩猩幼仔被吃掉的事。这是 1975 年 8 月的一天,那时古多尔暂时回到了首都达累斯萨拉姆,每天通过无线电听取从贡贝传来的消息。这天清早,古多尔高兴地听到传来的消息说,吉尔卡生了个孩子。可是 3 个月后,她却从话筒里听到一个变了调的声音:母黑猩猩佩辛杀死了吉尔卡的孩子,并且把它吃了! 原来事情是这样的:那一天,吉尔卡抱着孩子坐在地上,突然佩辛跑来了,它冲着吉尔卡大发脾气。吉尔卡拼命逃窜,佩辛紧追不放,抓住并且杀死了吉尔卡的孩子。而且,凶手佩辛还和自己的两个子女——女儿波姆和儿子普洛夫,分享了这只"猎物"。1 个月以后,密利莎的新生的小家伙又被波姆杀死。在这以前,两位母亲经历了一场恶战。

古多尔开始感到情况危急。据她所知,已经有 3 只幼仔被吃掉了,还有一些失踪了,比如吉尔卡的头生仔。她和同事们开始怀疑这一切都是佩辛和它的女儿波姆干的。在 1974 年至 1976 年 3 年内,贡贝北部家族中只有 1 只幼仔(菲菲的儿子弗洛多)满月以后还活了下来。

古多尔在暗自寻思着:佩辛干这种勾当多久了? 它和它这一家还将干这类恐怖行为多久呢?

1977 年 7 月的一天,当母黑猩猩佩辛和它的一家离开营地时,古多尔在后面跟踪着,想看个究竟。佩辛的子女波姆和普洛夫走在前面,先爬上了一棵油棕树。佩辛坐在树下向上望着。古多尔从它们的神态猜出,树上还有第三只黑猩猩。果真如此,那里有一只年轻的母黑猩猩小比。波姆和它挨得十分近,死死地盯着小比膝盖部位的什么东西——原来是一个新生的婴儿! 波姆小心地伸出一只手凑近婴儿,然后向下瞅着它的母亲佩辛,这是在等待佩辛发出行动的指示。古多尔已经料想到下一场戏是什么了。可怜的小比已经丢了一个、或许还是两个孩子啦。它可能预感到了什么,只听得一声恐怖的尖叫,小比溜向近处一棵大树,躲开了。古多尔又望了一眼那孩子,它藏在母亲的怀里,根本不知道正在发生什么事。古多尔为这小生命而担忧。于是她捡起一根大树棍,轻轻打了波姆的胳膊。波姆恼怒地推开了树棍，不怀好意地看了古多尔一眼。趁这空隙，小比又跳到了另一棵树上，波姆、普洛夫紧紧地尾随着。佩辛这时追到了树上，在高处已经爆发出尖叫，展开了搏斗。在这紧要关头，古多尔大叫了起来，想帮助小比母子脱身。古多尔刚才所做的事，在眼前这场搏斗中所加进的混乱，确实帮助了小比，它趁机溜之大吉。佩辛和波姆，这一对谋杀犯在离开之前整整找了一个钟头，但始终没有见到小比的踪影。

宁静的热带丛林，看来并不宁静。在黑猩猩那表面和平、闲适的生活之中，潜伏着战争和拐骗、谋杀和啃食同类、弱小的家族被强大的家族所吞并等等惨剧。而几百年来关于灵长类的经典著作里，从没有说过猿猴会吃自己同类的。这些事实，在古多尔头一个 10 年里还很少见到过。这种发生在不同群的黑猩猩之间的暴力行为，是古多尔在第二个 10 年里的重大发现。她不禁记起，1960 年她刚踏上这片土地时，利基博士让她准备用 10 年的时间进行野外考察。那时她还很幼稚，以为 10 年的时间太长了。可是今天她才体会到，第一个 10 年只不过开了个头。要是她 1970 年就结束了考察，那么，她所看到的黑猩猩的行为，将会是另一个样子。她怎么还能看到它们彼此之间诡秘地搞谋杀的那一套勾当呢！

091

新的起点

　　岁月匆匆,韶华流逝。从踏上贡贝营地到今天,39个年头过去了,往日英姿勃发、稚气未脱的古多尔,如今已是功勋卓著、事业有成的世界知名的灵长类学家了。她如今兼任美国斯坦福大学客座教授,并因自己的出色工作获得国际上的多项荣誉——剑桥大学个体生态学博士学位、荷兰金阿克荣誉奖、保尔·盖蒂野生动物保护奖以及不列颠大百科全书奖等,她的著作和音像制品已遍布全球。在英国,她几乎是妇孺皆知的人物,连出租车司机都甘愿免费为她出车。古多尔考察早期与雨果生下的男孩格勒伯现仍在坦桑尼亚。古多尔后来的丈夫戴莱克是当地一位富有经验的出色的狩猎督察官,曾协助古多尔训练野外考察人员,共同整理所搜集的科学资料,一起探讨关于黑猩猩行为方面的种种疑难问题,因此和古多尔相知甚深。戴莱克最终因积劳成疾,不幸病逝。

　　最近十余年来,年事已高的古多尔仍倾尽全力抓两件事——野生黑猩猩的保护以及改善栏养黑猩猩的状况。

　　由于滥伐森林和人类的扩张,导致生态环境的严重恶化,现在黑猩猩的数量在急剧减少。20世纪60年代末,据有关专家统计,非洲尚有近25万只黑猩猩,现在则大幅度减少了。古多尔说,当我1960年到贡贝时,坦桑尼亚还生存有10000只黑猩猩,可是今天却只剩下不到2500只了。这2500只黑猩猩多数生活在坦桑尼亚的贡贝和马哈尔山国家公园里,那里可以让黑猩猩自由地漫游。由于古多尔和许多同行的宣传并采取相应的措施,在坦桑尼亚已不会有人将黑猩猩肉搬上餐桌,且走私贩卖黑猩猩也在明令禁止之列。可是令古多尔忧虑的是,在大多数别的非洲国家,黑猩猩的生存环境十分严酷。为了在世界范围内开展拯救黑猩猩的工作,古多尔除继续担任贡贝黑猩猩研究中心负责人外,还建立了以她的名字命名的野生动物研究和保护学院,它在美国、加拿大、英国都设有分支机构,20世纪90年代初即已拥有3000余名成员,其重点是保护灵长类动物。如今她像当年利基博士一样,在各地奔走,忙于讲学和筹措保护基金,宣传她的思想,这在她1990年出版的新著《密林之窗——与贡贝黑猩猩相伴的30年》的扉页中写得很清楚:

> 唯有理解,我们才会关心,
>
> 唯有关心,我们才会援助,
>
> 唯有援助,它们(黑猩猩)才能得到拯救。

据古多尔统计,在西方国家平均每养成1只活的黑猩猩,就得死去6只。因此必须杜绝对黑猩猩的滥捕,并加快研究栏养条件下黑猩猩的繁殖和环境的改善。每当看到动物园和医学实验室铁笼里黑猩猩那无精打采的样子,古多尔总是难以抑制心头的怜悯和关切心情,有时不禁黯然神伤,洒下热泪。她写道:

> 看着这些不幸的动物,我自己问自己,它们难道还会记得那柔软的青草和多汁的绿枝、掠过树顶上方的喧闹的风声,以及在森林中漫游和枝条上攀爬时所能享受到的一切吗?现在,吃食是它们唯一的慰藉。可是……它们再也尝不到美味多汁的白蚁,再也吃不到刚刚打死的猎物;再也不能在凉爽的树林中,带着满意的呜噜声去吞食充满浆液的鲜果了!吃和睡,除此之外什么事也没有。这些黑猩猩使我想起了囚犯,他们多年陷入囹圄,失去了最后一丝被解救的希望。

古多尔曾建议,把所有那些负责管理黑猩猩的头头都请到贡贝国家公园去,让他们看看那儿生活的黑猩猩是什么样,从而为一切栏养黑猩猩提供宽敞明亮的住所和丰盛的食物。

在《密林之窗——与贡贝黑猩猩相伴的 30 年》这部著作中,古多尔对自己 30 年的野外考察做了更深入的总结。打开这部书可以看到,黑猩猩家族的故事又掀开了新的一页:随着年轻的"上层人物"接替年老的一代,黑猩猩家族中产生了新的联合和新的朝代;而年长首领的死亡、流行病的爆发、原始的战争,以及 4 年一期的可怕的食婴和自食同类行为的发生,都一一构成了黑猩猩家族史中的重大事件。在这部书里,古多尔为我们打开了这扇密林之窗,让我们聆听到野生黑猩猩的一个个传奇般的故事,令人神往和着迷。看到我们最亲近的现在活着的亲属的历史,你就像看到了我们人类的过去一样。

可以说,古多尔对野生黑猩猩的考察,是自然史上给人印象最深刻的一章。古多尔不是考察野生黑猩猩的第一个人,但她是他们中间成就最突出的一个。是她第一个初步揭开了神秘黑猩猩王国的内幕。像古多尔这样,长时期深入地参加黑猩猩的考察,在灵长类研究史上还没有见到过,在动物研究史上也很少见到过。

三十多年来,什么样的艰难困苦古多尔没有尝过?陌生的环境、难以琢磨的黑猩猩的行为、资金的匮乏、对热带气候的不适应等等,而后者引起的种种疾病又严重损害了她的健康。她已经记不清自己患过多少次疟疾了,她还时常患和黑猩猩同样的病症——肺炎。长期野外工作使她食欲严重减退,经常忘了吃饭,以致身体瘦弱不堪(有人甚至形容她的身体"像一只可怜的受了伤的鸽子")。可是古多尔对这一切从不抱怨,她始终情绪高昂且充满自信,她那坚忍不拔的意志力令同行肃然起敬。

三十多年来的往事,如今一幕幕从古多尔的脑海里掠过。她所熟悉的贡贝黑猩猩朋友的身影,又亲切地闪现在眼前,它们一个个都是那样生机勃勃、活泼可爱,和动物园铁笼里的那些无精打采的"弟兄"完全不同。除为了支持考察而外出讲学和筹款外，她还时常回到这片她所熟悉的营地来。而每逢这时，古多尔总会有些新的哪怕是细小的发现，就像黑猩猩为欢迎她而事先准备好了礼物一样。在这种场合，无论是朋友们相见时的热烈问候，还是见到大批果实时的大声喧哗，或者是和狒狒之间的激烈搏斗，或者是为了争夺首领宝座展开的紧张角逐，都依然使古多尔兴奋不已。

现在，贡贝黑猩猩已经多次更换它们的首领了。马伊克接替戈利亚之后，统治了 6 年，然后被哈姆弗里所推翻。两年之后，费冈又占据了"王位"。查理和雨果兄弟合伙占领了北部公黑猩猩的领地，并且最后由查理登上了权力的宝座。

人们都很钦佩古多尔，因为她在三十多年的考察生涯中，表现了献身科学的高尚精神和非凡毅力。

古多尔懂得，黑猩猩是一种行为复杂而又十分迷人的动物，在它们社会内部还隐藏着种种未被揭晓的谜。她说："我们对黑猩猩了解得越多，就会发现需要我们去继续探索的问题也越多。我们只是刚开始找到某些答案。"因此，就像一个小说迷总想知道下面的故事情节一样，古多尔还要在非洲密林的黑猩猩中间，在她所心爱的这些朋友中间，继续她的科学探索。她知道，要彻底了解它们社会生活的内幕和它们的智力，要拯救它们，即使再赋予她另一次生命，也是不够的。

血洒雨林为大猿

1985年年末,从非洲卢旺达传出惊人的消息:一位世界著名的女灵长类考察家在其高山营地遇害。

残暴的偷猎者在寂静的深夜突然闯入营地,向这位女考察家举起了罪恶的砍刀(他们竟然连砍了6刀!),结束了这位年仅53岁的女考察家的生命。

噩耗迅速传向世界各地。

人们震惊了。

在此之前,从1967年起,人们从新闻媒体上了解到这位女考察家在野生大猩猩研究领域所取得的喜人进展。将近十九年的时间里,在上万个小时的野外考察中,她以非凡的勇气和智慧,通过模仿,激起一向被认为桀骜不驯的野生大猩猩的好奇,并向自己靠近,从而使自己真正走进了大猩猩王国。她用自己独创的方法和成百只大猩猩周旋,掌握了它们内部通行的语言,第一次揭开了它们的神秘内幕,最后证明这种传说中嗜杀成性的"大怪物"原本是生性温驯而可爱的生灵。

在野生大猩猩考察史上,这位女杰的工作及其发现是绝无仅有的。

这位女子就是黛安·福茜(Dian Fossey)。

首次非洲之行

1932 年出生于美国加利福尼亚州的黛安·福茜，高高的个子，显得出落不凡。传记小说《利基的幸运》一书的作者科尔这样来形容福茜："如果以为她是个胆小的人，以至要藏到森林里去，就不符合事实了。福茜是个坚强的人，有着相当的魅力、幽默感和令人难以置信的勇敢。她是个完全孤独的人，十分坚韧，奉行着极高的标准，无论对自己或对别人都要求很严格。"这种坚强勇敢的性格，正是她后来从事的考察事业所必需的。

青年的黛安·福茜

这位姑娘从小对动物就有浓厚的兴趣，并且始终向往着非洲，希望有朝一日踏上那片神秘的土地，去和那儿的狮子、大象、大猩猩打交道。

20 世纪 50 年代起，福茜当上了一名理疗大夫，成天和那些小病人——天真而又不幸的儿童打交道，她十分喜爱他们。可是，一想到非洲，想到那个莽莽苍苍、栖息着无数野生动物的神秘的大陆，心里总像着了魔似的。1963 年，已经 31 岁的她向当地银行借了一笔钱（期限为 3 年），要去非洲做一次为时 7 周的旅行。

决定一做出，福茜真是兴奋极了！她花了好几个月计划、安排这次旅行。她确定这首次非洲之行的主要目的是："访问"刚果境内米基诺山上的高山大猩猩；拜访人类学家利基夫妇，他们当时正在坦桑尼亚奥杜韦峡谷开展发掘工作。她要去的地点，和一般旅游者的路线相距都比较远，所以她又写信给内罗毕旅游公司，特地雇了一位司机。当年 9 月，福茜离开肯塔基州路易斯维尔某儿童医院，终于来到了她日夜梦想中的非洲。

不久，她的这两个愿望都实现了。

在坦桑尼亚奥杜韦峡谷化石坑附近，福茜找到了利基博士。就在前几年，这位人类学家在这里发现了南方古猿和能人的化石，一下子震动了世界。这两种早期的人类祖先，都生活在很遥远的年代（离现在至少都在 170 万年以上）。这些化石骨骼，可以告诉我们人类老祖宗的大概模样。可是如果要问：我们人类的祖先是怎样生活的？它们怎样行动、采食，又怎样组成家庭和社会？仅仅从化石就没法进行推测了。利基博士一心想弄清楚这些问题。他认为，从人类的近亲——类人猿身上，有可能找到解开上面这些疑团的线索。所以，他多年来一直关心着这方面的考察工作。今天，当他见到面前这个独自来非洲准备对大猩猩做短期考察的高个姑娘时，高兴得双眼眯成一条缝，不由得细细打量起福茜来。

利基博士对福茜热情地讲起第一位"猿姑娘"——古多尔的工作。这位姑娘就是由他派出，在坦桑尼亚贡贝河畔的密林中安下营帐，展开了对野生黑猩猩的考察的。如今，过去了 3 个年头。利基博士说到这里，向这位刚见面的高个姑娘强调了一番野外考察大猩猩的重要意义。事后福茜回忆起这段难忘的经历时说："我相信，就是在这一次，一颗种子已经埋进了我的心底——即使这是无意识的——有朝一日，我将会来到非洲，亲身考察这些高山中的大猩猩。"

利基博士是个热情豪爽的人，见到福茜这个热爱动物考察事业、富有献身精神的姑娘，自然心里更加喜欢。他允许福茜在奥杜韦的一些新发掘点上自由参观,其中一个地点最近刚发现了长颈鹿的化石。

晴朗的天空一片湛蓝,只有几朵白云像一群鸽子在互相追逐、嬉戏。这里的空气清新,令人愉悦。福茜像个小姑娘似的,在化石点上跑跑颠颠,感到从未有过的欢畅。谁知一件意外的事发生了。当她跑下陡坡时,冷不防一下子跌进了化石坑,右踝骨骨折,一阵钻心的疼痛顿时向她袭来。福茜撩起裤腿,只见发肿的踝骨由青又转成了黑色。接着她又大吐了一场,将脏东西正好吐在珍贵的化石上。现场工作人员连忙将她背出了峡谷,利基博士的夫人也赶来亲切地安慰她。不少人都以为,这位姑娘下一步的计划——攀登维龙加山以及搜索大猩猩——恐怕是要彻底告吹啦。看来他们还不完全理解这位犟姑娘的脾气——她要是想干一件什么事,就一定要把它干成功! 谁能料到,这次出现的意外,却增强了她的决心和毅力,她决定去和日夜梦想中的高山大猩猩会面。

和利基夫妇分手两周后,福茜来到了米基诺山脚下。附近著名的卡巴拉草地,就是探险家阿克莱和沙勒考察过的地点。福茜和雇用的当地老乡携带着考察装备和食品,朝着高山草地进发。山高路陡,加上福茜的脚伤还没有愈合,使她攀登十分艰难。幸亏路上遇见了一位热心肠的当地老乡,他递给这位女探险家一根自己刻制的手杖,才使她勉强地跟上了队伍,但到达目的地却足足花了5个小时。

在这片草地上,福茜遇到了一对好伙伴,他们是正在这里忙着拍摄一部大猩猩的影片的野生动物摄影师鲁特先生及其夫人琼。当福茜带领着大队人马走上山坡时,鲁特夫妇亲切地在帐篷前迎接。看到福茜疲惫不堪、步履蹒跚的样子,他们会心地笑了。鲁特夫妇为人豪爽又好客,一了解到福茜这次来的目的,便立即同意带她一起进入丛林去搜寻大猩猩。非洲人桑韦克威是个很老练的公园守卫,在他是个孩子时就替阿克莱当过向导,后来曾协助沙勒考察,这次又替福茜带路,使她有机会拍下了不少关于大猩猩的照片。

平生第一次和大猩猩相遇的情景,使福茜终生难忘。她还没见到这些林中"怪物"，就已经听到了它们的声音，而气味又比声音更先一步。这种气味和人相近，带有类似麝香的气味。乍听到一声尖叫，空气像是被撕裂了一样，福茜不禁吃了一惊，接着是一阵"泼——泼——"的响声。定眼看去，在一片绿树丛中，只见一只大个的"银背"（成年雄性大猩猩）在不停地捶着胸脯。鲁特夫妇站在林间小路旁，向福茜示意，让她保持安静。他们三人就这样静静地伫立着，直等到尖叫声和捶胸声结束。过了一会儿，他们蜷伏在地上，钻过灌木丛，爬行到离大猩猩十五六米远的地方。穿过浓密的枝叶，福茜看到了一群黑脸皮、满头长毛的家伙正回过头来好奇地向他们张望。它们那浓浓的眉毛下，一对对闪亮的眼睛神经质地射出怀疑的

摆个造型

目光，像是想知道蹲在它们面前的究竟是熟悉的朋友还是仇敌。这时候的福茜因为兴奋和激动，心儿都在颤动，因为她盼着看到非洲密林里的大猩猩不知有多少年了。福茜感到，这比她过去所看到的任何一部书和电影上的镜头，都更为生动、真切。她想，如果自己现在是在老家肯塔基州，或是在洛杉矶的摩天大楼前，是决计看不到这一切的。她不由得为自己庆幸。

猿群中间，大多数雌性和它们的幼仔待在后边，而作为首领的"银背"和几只年轻的雄性，就站在最显眼的地方，它们紧张地抿紧了嘴唇，偶尔那

只首领还捶一阵子胸脯,意思是想吓唬面前的这批人……

摄影师鲁特先生这时慢慢拿起电影摄影机,开始拍镜头。他的这个动作以及摄影机开动的咔嚓声,使一些大猩猩感到好奇,它们一个个爬上树去观看,好像要争着引起客人们的注意。它们做出一连串的动作,像打哈欠、折树枝、装出进食的模样,或者捶胸。每做一个动作,这些黑色的"怪物"就古怪地望望客人,像是一个演员要确定自己这套表演的效果如何似的。它们各有个性,又都带着一些羞涩和胆怯。

在卡巴拉草地,福茜来到探险家阿克莱的墓地凭吊。他已在这块草地上静卧了半个世纪(可恨的是,1979年盗墓者捣毁了墓址,并且盗走了他的尸骨)。福茜还清楚地记起,不久前,沙勒博士也来过这里,对高山大猩猩进行了第一次认真的考察……

福茜一想起这些,思绪就像脱缰的野马一样奔腾不止,她不愿离开阿克莱和沙勒曾经工作过的地方。当暂时和卡巴拉草地告别时,她暗自决定:有朝一日我一定要再回到这儿来,一定要更多地了解有关高山大猩猩的一切!

难忘的会见

　　首次非洲之行使福茜大开了眼界，从此这块大陆和它上面生活的野生动物，就始终在她的脑海里萦绕，无法磨灭。回国以后，福茜写了几篇论文，谈到了她初次见到大猩猩的印象。可是，她欠下的一大笔借款，工作了好多年后才还清哩。

　　1966 年的一天，福茜所在的路易斯维尔的一家儿童医院突然来了一位德高望重的学者，他就是来美国讲学的利基博士。对 3 年前在东非遇到的那个有点鲁莽的姑娘的印象，他已经有点模糊了。可是，这位姑娘对考察大猩猩的浓厚兴趣和如痴如醉的爱，他在读到福茜的那些论文时，却感受得更加强烈。今天，他正是为了这个，要再见一见这位不同寻常的姑娘。

　　6 年前，正是利基博士选中了古多尔，让她去贡贝河畔密林考察黑猩猩。这位学者为自己的这个举动还一直引以为自豪呢！他就像一颗行星，以自己特殊的吸引力在自身周围集合起一群卫星，使它们运转。今天的会见使他又发现了一颗新的卫星。

　　利基博士曾经向人谈到自己的一个"新理论"，就是妇女更适合于从事野生类人猿的考察。因为她们比男子更有耐心，更为专注；平常她们对儿童特有的责任心，在研究猿类母子关系时，就会发挥作用，使她们获得成功。此外，她们可能不会受到雄性猿类的威胁。

　　然而，要找到有足够耐心、能长期考察野外的类人猿的妇女，毕竟是十分困难的。就在 10 年前，利基博士曾派两位姑娘去野外考察大猩猩，都失败了。今天见面不久，当福茜谈到了自己渴望去考察大猩猩时，他凭自己的经验断定,这位姑娘正是自己长久寻找而未找到的人!他立即同意了福茜的要求,并且开玩笑地称她是未来的"大猩猩姑娘"。

福茜见自己多年来的愿望终于实现,心里又喜又忧,她向导师说:"从小时候起,我就有了要去非洲考察的念头。我热爱非洲,喜爱那儿的野生动物。不过,我还没受过野外考察方面的专门训练呢。"

利基博士鼓励她:"我需要的是思想开阔,不要那种先入为主的成见。我只要求你去那儿,用你自己的一双眼睛细心地注意观察。"

他俩的谈话结束时,这位导师主张,在福茜去中非高山地区以前,必须先切除阑尾。因为如果到了野外患了阑尾炎,是很难找到理想的诊所并及时得到治疗的。福茜毫不犹豫地同意了,并且很快去医院做了这项手术。她知道,为了表明自己对于参加考察的决心和志向,没有这一点起码的勇气是不行的。她的这一行动,使亲友们既惊讶,又钦佩。

就在做完切除手术大约一个半月后,福茜接到了利基博士的一封来信。他在信中说:"实际上并不真正急着要你去割阑尾。这只不过是我考验申请人的决心的一种手段罢了!"读到这里,福茜不禁笑了,她平生第一次感到,这位导师是那样的幽默和诙谐。

在等待考察经费的这段时间里,福茜做着出发前的各种准备:她辞去了医院的理疗大夫的职务,和相处已11年的一群病儿话别,然后兴致勃勃地来到旧金山附近的斯坦福大学灵长类中心学习。在那儿,她尽一切可能阅读了所有能弄到手的资料,其中包括沙勒博士那些趣味盎然的考察游记,还特地读了一本斯瓦希里语(她未来的考察点当地人使用的语言)语法课本。

临行前,福茜去加利福尼亚州和自己的双亲及男友告别。她家中的3条狗,仿佛也知道这位女主人将要远行似的,当她的汽车驶离家门很远时,还一直穷追不舍。福茜感到自己很难向双亲和朋友们解释清楚,究竟她为什么这么急切地要背井离乡,去非洲那个渺无人烟的穷乡僻壤,进行长期的大猩猩考察。有些人对她的这个果敢的举动表示赞同、钦佩;另有一些人则认为，一个年纪轻轻的妇女去冒这种风险，纯粹是为了出风头。福茜的男友弗莱斯特后来还专门到高山营地来劝导她："如果你待在这儿，你会被彻底击垮的，这里的非洲人并不需要你！"可是福茜未予理会，把他送回了国，她一生中唯一的一段爱情故事也就此结束。连鲁特夫妇听到她要独自闯入丛林考察，都大吃一惊。在他们看来，一个刚从美国来的妇女要干这种事，简直是不可想象的。然而，福茜对于这一切议论都没去理会。

1966 年圣诞节前，福茜和鲁特夫妇同机到达肯尼亚首都内罗毕。在市

告别家人和男友

场上，鲁特夫人帮她购置了帐篷、灯、炉子等营地设备。利基博士还亲自穿过拥挤的街道，为她买了一辆旧越野车，福茜给它取了个好听的名字——"百合花"。谁能料到，半年以后，就是这辆车救了福茜的命呢！

不久，古多尔从坦桑尼亚向她发出了邀请。在两天访问期间，古多尔亲切地领着福茜走遍了营地四周，看到了当时已经远近闻名的黑猩猩大卫、戈利亚等"明星"。从这位比她小两岁的"猿姑娘"那里，福茜了解了许多对自己今后野外考察有用的方法和经验。看着看着，她恨不得插上翅膀立即飞到卡巴拉营地，去和那儿的高山大猩猩会面。两鬓染霜的利基博士的心情也几乎一样急切。这不，他正开着自己的敞篷轿车，和福茜的"百合花"齐头并进，横穿非洲中部，向目的地——位于刚果①（现刚果民主共和国）东部的高山营地进发。汽车在小道上颠簸，福茜的心潮也在翻腾着……

她急于想知道，成群的大猩猩在野外究竟是怎样生活，怎样行动的？它们的家庭和群体是怎么组成的？在一群大猩猩中间，它们的座次又是怎么排定的？……

她急于想知道，一个妇女单独闯入海拔 3000 多米的高山地区，究竟会遇到多大的困难？她知道，那里有终日笼罩着的寒冷的雾霭、突然浇淋的雨水、常发的高山病以及孤独寂寞的环境……这一切都会一齐向她袭来，她能经受得住吗？

她尤其想知道，大猩猩是否那么容易接近，它们对一位陌生妇女的光临，究竟会采取什么态度呢？

①指当时的称谓，即 1960 年 6 月 30 日由比利时所属殖民地独立成立的刚果共和国，1971 年改称扎伊尔共和国，1996 年又改称民主刚果，即刚果（金）。以下文中出现的国名均指当时的称谓。

血洒雨林为大猿

考察伊始

　　1967 年 1 月 6 日清晨，福茜和鲁特先生一起，由几名当地向导引路，来到了米基诺山脚下的小村子。然后，找了几十名乡民，将装备运到了卡巴拉草地，就在这个古老的主火山的中心地带支起帐篷，沸腾的、向往已久的考察生活，将从这里开始。

考察生活将从这里开始

　　3 年过去了，这里的景色和福茜初次来访时几乎一个模样。高大的、长满了苔藓的苦苏树像一个久经沧桑的老人伫立在道旁，目送着这一长列登山的队伍。两只渡鸦（它们身子很大，可长达60多厘米）叼起营地周围的一片片食物残渣，甚至很快就学会了掀开帐篷一角，钻进去搜寻贮藏起来的食物。它们不久就成了营地里第一批讨人喜欢而又调皮的"客人"。

鲁特先生在卡巴拉只能待两天工夫。这位英国探险家在野外考察方面是个老手，他帮助福茜安置贮水桶，挖掘公共厕所，还围绕营地四周挖了一条排水沟。他根据自己多年的经验，告诉福茜应该怎样去跟踪大猩猩。他说："黛安，你要是打算和大猩猩接触，与其在见到它们的脚印以后后退到它们待过的地点，还不如循着脚印前进，沿着它们走去的方向一直追踪，直到找到它们。"

第二天，鲁特先生就和福茜分手了。当他的身影消失在草地下方的灌木丛中时，福茜的心中不禁升起一种说不出的惆怅。她明白，鲁特是在这座高山上唯一能用英语和她交谈的人，是她生活了三十多年的文明世界的最后一个代表。这个生性倔强的姑娘到这一刻，心里像是翻倒了五味瓶。她赶紧抱紧了帐篷的柱子，免得自己拔腿去追赶他……

第二天清早，福茜去野外考察。在一根水平的大树枝上，一只雄性大猩猩独自在晒太阳。福茜刚举起望远镜看了一会儿，这动物就受惊似的从树上跃起，很快藏到邻近山坡的树丛中去了。她一整天都想尽办法要追上这个目标，可是毕竟因为在树林中攀援的技术比不上对方，最后都没能达到目的。后来她才了解到，大猩猩一般不爱待在开阔的林中空地和河、湖旁，很可能是因为在这些地点它们常会碰到人的缘故。

过了几天，一名当地公园守卫当了福茜的向导，和她一起进入丛林。哪知他也没有什么经验，结果闹出了不少笑话。

有一天，他们俩顺着树丛中的一串脚印追寻着目标。突然，在对面山谷中离他们三十多米的地方，发现了一个大猩猩模样的黑家伙，正在晒着太阳呢！福茜准备好钢笔、跑表和笔记本，并且找了个有利的地形慢慢举起望远镜进行观察。可是那个家伙却一个多小时没有挪动，在对面山坡上一直惬意地晒着太阳。那位向导呢，却在她身后惬意地打起了呼噜。这时只听得跑表"嘀嗒嘀嗒"地响着。

虽然福茜知道，考察大猩猩需要有极大的耐心，可是这"第一次相遇"实在太折磨人了。最后，她喊醒了向导，让他仍待在原地，自己朝着正晒着太阳的"大猩猩"爬去。谁能料到，她追踪了这么久的"大猩猩"，竟是一只大型的非洲野猪！福茜心里顿时懊恼极了。这只大家伙呢，见到来了人，便连忙爬进灌木丛中，消失得无影无踪了。两天后，在一棵大苦苏树的树荫下，福茜发现了这头野猪的尸体，看来它是自然老死的。

一天夜里，突然惊醒的福茜发现自己连着睡袋一起从帆布床上被摔到了帐篷另一角。她不知是怎么回事，只感觉整座帐篷在摇晃，好像一座长期沉寂的火山突然爆发了似的，耳边响起了深沉的隆隆声响。没想到，考察刚刚开始，就出现如此吓人的惊险场面。

黑夜里传来沉重的脚步声，打破了山谷的寂静。原来是来了3头大象。它们高举着长鼻，那雪白的象牙在漆黑的夜色中像是一把把闪亮的利剑。它们把帐篷当成了嬉戏、玩闹的目标，用鼻子使劲地在帐篷杆上抓呀、扒呀，几乎要把帐篷掀起来……

这些非洲象长得又高又大，身长六七米，高耸的肩胛离地有三四米。它们雌雄都长着大门牙，靠这些大门牙，它们能折断树干，挖掘树根，剥开果实中的核仁，并判断地面的虚实以免落入陷阱。据说如果参加搏斗，它们能用长牙重创对方，将其开膛破肚。它们还有一对大蒲扇似的大耳，比亚洲象的耳朵大得多，直径可以达一米半。据研究，它们可用大耳朵来调节体温，一竖起来，几乎可以使身体表面积增大 $\frac{1}{6}$。天气一热，大象就使劲地扇耳朵，这样身体里的血液流得快了，热量散得也就快了。

丛林里的这群大象，不久成了营地的常客。它们那好奇而胆大的脾性使福茜既感到兴奋，又带几分惧怕。福茜和她的助手在营地附近种了一些蔬菜，但却无法阻止这些"巨人"闯进菜园。当时蔬菜长势喜人，她和她的助手们觉得十分可惜。后来，象群又对营地和周围菜园发起了第三次袭击,以至于好几天福茜都没能吃上她爱吃的色拉。

在白天,福茜几乎天天和大象、野牛、野猪以及大猩猩相遇,这使她的野外考察总是那么叫人兴奋、诱人。到了夜晚,她又忙着把这些新鲜的印象记录下来。在她的笔记本里,还记载了当天的天气、鸟类的活动和植物生长的情况,自然最重要的还是大猩猩活动的一切细节。

2米宽、3米长的帐篷,现在成了福茜睡觉、办公、洗澡和晾衣服的地

每天晚上,福茜都要忙于整理考察记录

方。因为雨林里总是湿漉漉的,帐篷就成了晾衣服的理想场所了。男人们住的茅屋的第二间,是她用餐的地方。不久,桑维克威来到营地,她的助手增加到了3人。每当他们在房子中央的炉子上做饭时,总是满屋子浓烟弥漫,换了旁人早就会憋不过气来了,可是他们却还是有说有笑,毫不介意。

非洲助手们让福茜吃的菜大多是罐头食品。每个月福茜要到基索罗

去一趟，这个小镇离米基诺山脚有两小时的汽车路程。她每回去那儿买回热狗、奶粉、猪肉罐头、面包和各种蔬菜。可是，面包、奶酪和其他新鲜食品往往只够半个月吃的，所以前半个月顿顿像摆宴席似的，剩下后半月就差劲了。幸亏营地养了一只叫"露西"的产蛋量挺高的母鸡，它和另一只叫"戴芝"的公鸡，很快成了福茜心爱的动物。

桑维克威是个老练的向导。他还是个孩子时就在探险家阿克莱身边干事，后来又给沙勒博士当向导，没想到如今又成了福茜的向导和知己。他是个不知疲倦的追踪者，又是个十分幽默而风趣的人。考察方面的许多技术，正是他教给福茜的。多亏他的帮助，福茜才在米基诺山山坡上发现了3群大猩猩。茶余饭后，他爱抽上一阵子烟。有时到了月底，桑维克威的烤烟快抽完了，他就在剩下的一点烤烟里掺进一把枯树叶子，吧嗒上几口过过烟瘾。福茜呢，时常也把珍贵的雪茄烟抽上两三口。两人常常为自己干的这种事傻笑一场。

最动人的一幕

来到卡巴拉营地的最初阶段，大猩猩常常是一见到福茜就逃跑了。这时候它们还不习惯于有人在场，所以很难和它们接触。经过一段时间观察，福茜对大猩猩的家庭和社会有了初步的了解。

一群大猩猩一般有2~20只，平均每群10只。在每一群大猩猩内部，有1只成年的、15岁以上的"银背"担任首领，它的体重可接近200千克；1只"黑背"，是8~13岁的还未成年的雄性；3~4只成年（8岁以上）的雌性，每只体重大约100千克，它们通常受首领控制；最后，还有3~6只8岁以下的年幼的个体。这些幼小的大猩猩，和它们的父母、兄弟姊妹长期保持密切的联系，这就使大猩猩的一家往往生活得很融洽，当达到性成熟以后，它们往往就各自离家，去另立门户。

据福茜的观察，要辨认每一个大猩猩，可以从它们鼻子的长相来进行区分。每一只大猩猩鼻孔的外形，以及鼻子的沟纹都长得不一样。福茜通过这种途径，慢慢辨认出了一只又一只大猩猩。

福茜想尽办法要让大猩猩对自己熟悉起来。到了考察的第二个月，大猩猩已经开始对福茜产生了初步的信任。卡巴拉野外考察最动人的一幕，就是在这个时候发生的。

这一天，福茜照例走进树丛考察。突然，一群大猩猩出现在她面前，总数有16只。它们有的正在造白天休息用的巢，有的晒着太阳，但一见有人来，便都神经质地躲到树荫中去了。

为了看个清楚，福茜决定爬上树去。可惜她爬树的本领本来就很差，这棵树又特别细长,她喘着粗气,又拉又拽,拼尽全力都没爬上2米高。福茜这时几乎要放弃了,桑维克威连忙使劲地将她的臀部向上顶了一把。过了一会儿,她总算抓到一根树枝,爬到了离地6米多的树杈上。福茜的窘态令桑维克威几乎笑出了眼泪。

福茜这时候想,刚才我爬呀,拽呀,又折断了树枝,这肯定会把大猩猩吓到另一座山头上去了。可是她向四周一看,不禁呆住了——整群大猩猩非但没走,反而转过身来,像剧场里的前排观众一样朝她张望着。福茜感到,自己还是平生头一次见到这样神情专注的观众。她多么希望,自己手中能有一袋爆米花或一捧棉花糖,好拿来奖励这些可爱的观众。

在这场"演出"中,每一个大猩猩都亮了相,忘记藏到树丛中去了。很明显,从大猩猩的眼神来看,它们搞不懂为什么眼前这位身上无毛的蓝眼睛的陌生人连树都不会爬,而这种活动对它们来说则是轻而易举的。这一天的观察使福茜懂得,可以很好地利用大猩猩的好奇心理,来达到使它们和人惯于相处的目的。

野外考察中,福茜时常要在45°左右的斜坡上攀登好几个小时,或者穿过泥泞的沼泽。碰到前面是荆棘和灌木丛的时候,必须拿起大砍刀大砍大劈,才能前进几步。有时要通过成片的荨(qián)麻一类的植被(它们长得有2米高),她又必须在林间爬行很长一段时间。福茜感到,这时候自己的鼻子(它成了全身最突出的部位)要比身体其他部位更受罪——要忍受荨麻所带来的剧烈的刺痛——而身体别的部位毕竟还有厚厚的手套、衣裤和高筒靴的保护呢!

很多人一想起非洲,脑海中就会联想到灼热的阳光和干燥的草原。可是在福茜的心目中却完全不同,她只会想到维龙加火山脚下那一片雨林——寒冷而多雾,平均年降雨量达1830毫米,常常是早晨天空晴朗,一转眼就变得阴雨绵绵,有时还会降下一阵冰雹,一粒粒像麻雀蛋那么大。这样恶劣的环境,容易引发无法控制的嚎叫、发烧和独居恐怖症等一系列病症。福茜每天上山除了带上相机、望远镜、笔记本和盛了热茶的保温瓶之

大猩猩观看爬树的福茜

血洒雨林为大猿

外，还必须带上雨具。她的行囊总是装得鼓鼓的，重达 10 千克，如果再加上录音机，就够呛了。每当跟踪考察特别艰苦的时候，她不由得巴望早些结束。这时候，只有意识到大猩猩在前面召唤着她时，才会有一股力量催促她继续干下去。

化险为夷

就在考察刚刚走上正轨的时候，福茜却遭遇了一场险情，考察差点被迫中断。

1967年7月9日下午3时，当福茜和桑维克威刚回到营地时，发现营地四周已被武装士兵包围，并且传令通知福茜：刚果的基伍省正在发生叛乱，如果要考虑自己安全的话，就必须撤出营地。

第二天清早，福茜就被士兵们"护送"下山，随身携带着她的全部营地装备和个人用品。已经驯服了的两只大渡鸦不停地在头上盘旋，好像它们也感到困惑：女主人怎么会转眼间丢下高山上的家而远去呢？一直到了米基诺山山脚下，当这些人下山走了3小时后，这两只懂事的渡鸦才飞回福茜搭设了半年营帐的空旷的草地上。

福茜在卢芒加波被软禁了两个星期。在这段时间里，没有一个人向她解释为什么将她扣留。后来访问军营时她才知道，自己是作为一位将军的人质被扣押的。这位将军在附近的布卡武镇领导了一次起义，很快就将来到这儿，士兵们也正忙着赶建路障。眼看自己不会被轻易放走，福茜就想了一计：以替自己的"百合花"车搞登记证为幌子，想法逃走！

"百合花"当时只在肯尼亚进行了登记，如果换上刚果的牌照，需要花费400美元。福茜就对士兵们说，自己的所有现款都放在乌干达的基索罗了。可能是看上了这笔数目不小的美金，福茜的申请得到了批准。指挥部同意在武装守卫的护送下将她送到乌干达去。

福茜匆匆地忙了一整夜，将自己的资料、设备，包括一对驯养的鸡都装上了"百合花"车，还特地带上了自己那支小型自动手枪（被软禁时她把这支手枪临时交给了一名有同情心的公园门卫保管，这天晚上这位门卫又将手枪悄悄递给了她，劝她开车时拿在手里，以备不测）。为了躲过身边几个武装士兵的眼睛，福茜将手枪偷偷藏到了箱子底下。

第二天一清早，汽车开动了。士兵们的情绪都很高，沿途开设的许多酒店、啤酒吧把他们的心思都吸引过去了。可是福茜的心情却十分紧张，生怕由于车子的颠簸，会把那支小手枪暴露出来。

福茜在逃亡途中

到了边防站，不出所料，军方只准福茜步行去基索罗，而要把车留在边防站。福茜和对方展开了激烈的争辩，又故意跳上跳下，又着双手装疯卖傻地胡扯了一通。最后，边防军一致认定，面前的这个美国女人是个头等的白痴，而且对他们不会造成什么伤害。于是，把边防上的路障给打开了。

在乌干达那边有一家旅馆，主人沃尔特和福茜很熟悉。当福茜驾驶着

"百合花"越过边界开进乌干达后 10 分钟，就到了这家旅馆的门前。她拿起车钥匙跑步穿过旅馆的长廊，一直走进最远的一间房间躲了起来，等到沃尔特大声呼喊让乌干达的军队来捉拿刚果士兵的声音停息后，她才露了面。

不久，福茜转道来到卢旺达首都基加利，然后又飞回内罗毕，和自己的导师利基博士会面。在机场上，当利基博士得知了福茜的"逃亡"经过时，不禁哈哈大笑，并说："好，我们捉弄了他们，可不是吗？"

在分手 7 个月后，他们俩进行这样的一次会面，谁也没有料到过。经过短时间的商量，两人一致决定，福茜必须回维龙加山去，继续进行对大猩猩的考察。在朋友们的帮助下，中断了四个半月的考察又照原计划进行了下去，一切似乎又都复苏了。

119

亲密知己——柯柯和普克

不久，福茜在卡巴拉草地以东的一个高山营地（海拔 3050 米）建起了自己的研究中心，她的第二阶段的考察就从这里开始。福茜将这个研究中心命名为"卡里索克"，它的南面是高耸入云的卡里辛比山（海拔 4507 米），北面背靠维索克山（海拔 3713 米），正好处在刚果和卢旺达两国的交界线上。研究中心从 1967 年 9 月建立后，考察工作一直进展顺利，当地的大猩猩对福茜的在场慢慢习惯起来了。

1969 年 3 月，一个朋友跑来告诉福茜说，一只由偷猎者捉到的大猩猩，出生才 6 个星期，正关在管理员办公室的一只小笼子里。笼子周围站着一群又笑又闹的孩子，争着看眼前这只瘦得皮包骨头的小家伙。福茜急忙赶去，推开众人，慢慢地打开笼子往里张望，只见这只小家伙朝她这边急忙奔来。福茜见围观者这般奚落和作弄这只可怜的生灵，便砰的一声关上了门。她不能容忍人们这么欺负它。

福茜将小笼子带到管理员的住房里。她先打开木门，大猩猩就跑了出来，向前急奔，一下子张口要咬管理员的腿，然后它又跑到窗户边。窗外正围着一堆要捉弄它的人。受惊的大猩猩狠命地捶打着窗格和玻璃，福茜真担心玻璃会随时被击碎。她看出这小家伙正在闹腹泻，又有脱水的症状，于是拿来一缸子水，诱使它走进了笼子。

福茜从管理员那里了解到了偷猎者捕捉这只大猩猩的前因后果：为了将大猩猩卖给西方某动物园，好从中捞到一大笔钱，一批偷猎者爬到卡里辛比山上，选好了有幼仔的一群大猩猩作为捕猎的目标，为了捉住这只小家伙,他们竟把同群的 10 只大猩猩全打死了。

听到这里,又看着这瘦弱不堪的小家伙,福茜想:如果它还能活下来,那么我在这里多浪费一分钟,它的生命就可能被耽误掉一分钟。必须想尽一切办法快把这婴儿带回营地去! 为了拯救这条小生命,要给它找一些急需的药品,福茜又特地开车到基索罗跑了一趟。第二天早晨,福茜雇了 8 名黑人,抬着装有大猩猩的小围栏,向高山营地进发。

队伍沿着大象踩出的泥泞小路缓慢地前进着。随着每一阵颠簸,围栏里就传出“孤儿”柯柯(这是福茜给它新取的名字)发出的一声声哭叫。这哭声越来越响,越来越凄惨,就像一个弃婴在啼哭。

不久,她们来到了高山营地。福茜用两间简陋的小屋作为观察站,并且让人腾出其中一间,地面铺上树叶,屋角放上一棵树,作为“孤儿”柯柯的卧室。柯柯睁大棕色的眼睛打量着这间屋子,还手舞足蹈地挥手拍打着成堆的叶子,然后爬上了树。它越爬越高,一直碰着了顶上的天花板。最后,在窗口边,柯柯终于在啼哭中睡着了。

过了一个星期,又来了一个叫普克的小伙伴,大约两岁。这两个小家伙离开了它们的亲生母亲,孤苦伶仃,一个个瘦得皮包骨头,而且见人就躲。最初几个月,福茜不分白天黑夜地和它们厮守在一起,给它们做可口的食物,配药,把保姆兼大夫的工作全承当了下来。慢慢地,柯柯、普克和福茜交上了朋友,并且形影不离了。在她的细心照料下,它们终于恢复了健康。

一天,福茜带领它们到林中草地上嬉戏。一见到阳光和绿色的草地,这对小伙伴就像刚出笼的小鸟,别提有多高兴了! 它们又蹦又跳,一会儿找虫子吃,一会儿又细心地捋毛、修饰,脸上一直露出惊讶、欣喜的神色,就像人类婴儿一样的天真动人。

福茜也正好趁这个机会,仔细观察这两个小家伙进食时的各种动作,研究它们发音的变化、它们怎样交际等等,并把这种观察进一步扩展到密林深处。对大猩猩的发音,她最感兴趣。她像一个勤奋好学的学生,在一

121

恢复了健康的柯柯和普克

旁认真地模仿着，细心地琢磨着。她又像一个牙牙学语的孩子，在攻克一门新的"外语"——大猩猩国度里特有的语言。

"诺姆，诺姆——"：这是大猩猩进餐时常发出的声音，福茜称它为"打嗝式发音"。大猩猩一边进餐，一边用这种声音进行交际。

猪叫一样的哼哼声：当猿群内发生口角时，首领用这种声音让"下级"停止争吵，或者是首领命令"下级"照它的吩咐行动。

狗吠似的呜呜声：碰到了奇异或令人惊吓的情况，首领就发出这种声音，将整群大猩猩召唤到自己身边。

福茜用录音机将大猩猩的发音录了下来，然后回到营地继续加以细心的分析和研究，同时模仿它们，学着自己发出各种声音来。过去总以为，人要学会禽言畜语，简直是神话中的奇迹，可是如今福茜却真的做到了！

光阴似箭，眼看将柯柯和普克送到动物园去的日子不远了。尽管看护这两个小淘气,比看护最顽皮的孩子还要麻烦——它们总是缠住人不放,一刻也不叫人安静——可是到了这临别的时刻,福茜还真有些依依不舍呢!

几个月来的朝夕相处,使福茜和这对小生灵建立了深厚的情谊。她从柯柯、普克那儿学来的东西,在以后的野外工作中还真的发挥了作用哩!

不打不相识

　　我们在前面已经说过,福茜所面临的"对手"——大猩猩毕竟非同一般。成年的雄性身高 1 米左右,体重 200 来千克,虎背熊腰,加上异常发达的牙齿、肌肉和惊人的臂(bì)力,要是冒犯了它们,终究不会好受的。何况,福茜还是个缺少野外考察经验、体力单薄的女子呢!

　　"不打不相识",通过和大猩猩的多次交往,尝过了不少苦头,福茜才变得老练起来,逐步了解了大猩猩的一些脾气。

　　有一次,一只当首领的大猩猩狂吼着向福茜冲来。怎么办? 她当时手无寸铁,只得听天由命。如果大猩猩真的扑将过来,凭着它那发达的利齿和强大的颌骨,要啃下她的整只胳膊是不费力的。幸好这只大猩猩只是吓唬她,当冲到离她只有 1 米的地方时,便停住了,使她受了一场虚惊。

　　在福茜经常考察的第五组中,有一只叫伊卡勒斯的小家伙,它生性好奇,特别爱淘气和逞能。一天,这个小淘气又像往常一样,在一棵不很结实的树枝上吊来荡去,做起了冒险的游戏。突然,树枝折断了,伊卡勒斯被摔倒在地上,尖声叫了起来。马上,随着一阵阵吼叫声,两只长得十分威武的雄性——贝多芬和巴多克领着一帮雌性,一齐向福茜冲了过来。它们一个个怒目圆睁,嗥叫着,像是要找福茜算账:"决不允许你伤害小宝贝!"

　　福茜毫无准备,形势对她十分不利。她无可奈何,只好等待着命运的宣判,因为自己和前辈的经验都告诉她,如果同它们对抗,情况可能会更糟。

　　幸好小家伙摔得不厉害,这样,它们就在离福茜两三米处停住了。小家伙又平静地爬上了另一棵树,好像刚才什么事都没发生过一样,照样玩

"你想干什么？"

得十分起劲。两只"银背"却依然很紧张，空气中弥漫着它们那暴怒时发出的刺鼻气味。

福茜一直紧紧攥着身边的灌木，手心都出了冷汗。刚想松一口气，不料伊卡勒斯的妹妹帕皮尔这时又爬到了它哥哥刚才折断了的那棵小树上，并在树上旋转、踢腿、拍胸，这使福茜的心又提了起来。两只"银背"的眼光始终在帕皮尔和福茜之间转动，好像生怕福茜会随时将它们的小宝贝抢走似的。当福茜和"银背"的目光相遇时，它们就吼叫着，不让她走近一步。直等到伊卡勒斯重新跑了过来，和妹妹一起追逐玩耍时，紧张气氛才缓和下来。最后，几只"银背"见小家伙安然无恙，才最终消除了误会，领着自己这一组上山去了。

有时候，福茜和她的助手还没有察觉到大猩猩在走近，却已经和它们面面相对了。在这种场合，福茜她们常常会遇到危险，尤其是当两组大猩猩碰在一起又正好在偷猎者时常出入的地段(即危险地区)时,或者不久前组内刚生下幼仔的时候。可以想象,在这种情况下,大猩猩首领会被迫采取高度警觉的防卫措施。有一次,福茜遭到一群大猩猩的突然袭击,就是在这样的场合发生的。

这一天,福茜沿着山坡上陡峭的小路去第八组考察。她在高高的草木丛中向上攀登,一心以为离这一组大猩猩还远着呢,所以没有怎么注意。突然,耳边响起了震耳欲聋的尖叫声,似乎有四五只雄性大猩猩一齐朝她冲来。由于声音嘈杂,福茜一时很难判断它们的方位。这么多的大猩猩一齐向她发作,使她的确有些惊慌失措。

一见到眼前的福茜,这一群大猩猩的头头在1米以外猛地停下了。这一来,它后面的4个伙伴霎时间挤成一团,但仍然气势汹汹地摆出随时要冲下来的姿态。福茜陷入了重重包围,怎么办?她立即趴到地面上,装出一副顺从屈服的样子。

据福茜后来回忆,这5只大猩猩一齐发作的情景,确实可怕,很难加以描绘。从她腹部紧贴地面的那一刹那起,她就不敢任意移动自己的身体,哪怕是一丁点儿。她偷偷地看了一眼面前的几个庞然大物,只见它们一个个毛发直竖,犬牙大张,通常褐色的温柔的眼睛闪耀出黄色的光芒。四周空气几乎凝滞了,福茜只要稍一动弹,这5只大猩猩就会发出一阵尖叫。整整过了半个小时,它们才奔向山上,消失不见了。

这时,福茜才敢站起来,活动一下几乎麻木的双腿。过了一会儿,她继续远远地跟随第八组的脚印前进。她发现,刚才自己走近这一组时,正好它们和第九组发生接触。从脚印分析,第九组的一些成员也参加了这场包围战。后来福茜朝山下走去,见到了一只孤独的"银背"。这时她才明白,刚才这场向她发起的进攻为什么这么激烈。原来,它们错把福茜当作那只孤独的雄性了(因为这样的"光棍汉",哪个组见了都会将它驱逐出去的)。

据福茜事后分析,大猩猩向她发起进攻的另一个重要原因,是因为她自己爬陡坡时,从大猩猩的正下方靠近,所以它们没能认出自己来。后来大猩猩的几次发作,也是由于她的大学生助手们犯了类似的错误。遇到了这种情况,那些待在原地不动的人很少发生被咬伤的事(除非大猩猩还不认识他们)。有时候从他们身边走过,大猩猩也可能会拍打他们一下。可是,凡是企图逃跑的人,往往就会挨打或被咬伤。

福茜在谈到自己遇见大猩猩发作时的心情时,这样写道:

> 虽然你知道,大猩猩的发作纯粹出于自卫,它并不打算和你碰撞或伤害你,可是你总是会本能地想逃脱。这样又必然会引起它们的追赶。我总是坚信大猩猩本性是温和的,并且认为它们的发作基本上属于恐吓(虚张声势)的性质。可是每当它们发出震耳的尖叫声,又拼命向自己冲来时,我发现要保全我珍贵的生命只有抱紧周围的草木这一个办法。否则,我肯定就只能掉转屁股逃跑了。

有一回,一个大学生从第八组所在的山坡正下方去接近它们。他的四周是长得十分茂密的草木,于是他挥起大砍刀乱砍植物,响声很大,却不知道这组大猩猩就在他近旁。这一下激怒了这一组的首领,它还没看清是谁就向他发作起来。年轻人转身逃跑,首领冲了过去,朝他敲了几下,又猛扑他的背包。不一会儿,当它正用獠牙咬住大学生的胳膊时,却认出了这个它所熟悉的人,于是便立即撤离。据这位大学生回忆,当时这只大猩猩"面部带着歉疚的表情",然后回到自己那一组里去了,再也没有往回瞧他一眼。

维龙加山一带经常有旅游者来访问。有一次,一个年轻的旅游者走近第五组,他想捡起这个组的一只幼仔就走,根本不顾大猩猩的惊叫。在他的手搭到幼仔身上之前,它的母亲和这个组的首领向他发起了进攻。年轻人这时慌了手脚,拔腿就跑,不小心跌了一跤。他被咬了,衣服也被撕破了。几个月以后,福茜在卢汉格里见到他时,他的腿上和胳膊上还留着很深的伤疤呢!

127

照大猩猩那样去做

福茜从开始考察那一天起,就始终关心着这样的问题:用什么办法去接近大猩猩,使它们习惯于人的在场呢?

她记得教科书上讲到对猿类的考察时,总是说:"要坐下来,从一旁进行观察。"福茜不满足于和猿类一般的接近,她决心走出自己的路。在她心目中,古多尔是她的榜样。古多尔在坦桑尼亚密林里考察黑猩猩所取得的成功,鼓舞着她。她曾熟读过古多尔从贡贝发出的每一篇论文。那些黑猩猩和人相处得就像同胞兄妹一样,它们见到考察者就亲切地打招呼,有时候领着你穿过密林小路,饿了就来掏你的口袋,看那里是否藏着香蕉,甚至还会和人亲密地握手……

福茜想,如果考察者只是坐着和盯着大猩猩,这样只能引起它们加倍的怀疑。她想,如果学着大猩猩的样子,像它们那样地去做,用这种方法来挑起对方的好奇心,引起它们之间的冲突,效果将会怎样呢?她决心去做一番尝试——不是自己走向大猩猩,而是想法吸引它们走过来。

刚开始,大猩猩一察觉有人走近,就尖叫着跑走了。有一次,一只大猩猩见有人走近,便嘴里衔起一根树棍,活像人着急时衔着烟斗一样!另一只年轻的雄性,站在一个树杈上,神经质地双手捶击自己的胸脯。

"这是表示威胁,还是为了掩饰自己心情上的紧张呢?"福茜一时难以明白。她记得,就是这种捶胸动作,引起了近百年来许多探险家的强烈兴趣。福茜准备再细加观察,看看究竟是怎么回事。

福茜从观察中慢慢了解到,直立式站着或者当着大猩猩的面行走,会引起对方不安，所以她就采用指关节着地向前移步的方式。她体会到，如果自己用指关节和膝关节着地爬向猿群，并且采取坐位，从大猩猩的角度来看，会觉得观察者和它们处于平等的地位，并且使它们感到观察者是安定的，并不想冲进它们中去。经过一段时间的接触，福茜懂得，如果自己嚼着野芹菜藏起来，大猩猩受到好奇心的驱使，就会从树丛中钻出，或者爬上树去，以便看清楚对方的情况。所以，福茜改变了原来的战术，不再自己爬上树去观察大猩猩，而是离开树，让大猩猩爬上树去，来看她。

以后每次考察，当福茜接近一群大猩猩时，她总要选定一个良好的观察点，包括找到一棵结实粗壮的树，便于让大猩猩爬上去观察。

起初，福茜总是假装吃着什么植物，时常要等上半个小时，才能引得大猩猩好奇地上树观察。一旦好奇心得到满足，它们就会继续日常的活动，忘记了观察者在身边。这时候，福茜便可以开始观察了。

开头好几个月，福茜经常模仿大猩猩的捶胸动作，或是按照它们的节律用双手拍打自己的大腿。这声音引起了对方的注意，尤其是相互距离在30米以上的时候。福茜以为自己很聪明，后来才知道，捶胸动作是大猩猩表示兴奋或者受惊的信号，可是她却错把这当作抚慰、平息对方情绪的信号来使用了！所以，后来她便不再模仿它们捶胸的动作了。现在，只有想激起新遇到的群猿的好奇心时，她才采用它。这种时候，大猩猩一听到有人在捶胸，就会停下来瞧瞧，不再匆忙逃走了。

有一次，福茜手提着笨重的录音机去跟踪考察第五组。这时第五组在她上面的山坡上。福茜穿过茂密的枝叶从正下方去接近这组大猩猩。当走到离它们六七米远的时候，便听到了它们进食的声音。福茜于是按通常的方法轻轻地哼了几声，以便让对方知道她在场。然后她将扩音器拴在旁边一棵树上，把录音机放在地上。这时，许多小家伙睁大好奇的眼睛爬进树丛，盯着这些好奇的玩意儿。一见是它们认识的福茜，便若无其事地在树丛中玩了起来。突然，几只"银背"领着雌性出现了，它们全都神经质地尖叫着。由于叫声震天响，录音机指示振幅的指针猛烈地摆动着。福茜想

129

福茜的捶胸动作引起了大猩猩的好奇

弯下身去调整一下录音机的音量按钮，可是那几只被激怒了的大猿，哪里容许她有一点点挪动。

"这次我将决不会活着逃出去了！"福茜不禁对自己的遭遇暗暗叫苦，自言自语道。

当磁带转完以后，福茜只得直愣愣地站在那儿，交替地盯着在她正上方吵嚷得正凶的"银背"和她脚边空转着的录音机。过了好一阵，这一群大猩猩似乎才清楚它们的小家伙依然安然无恙，什么事故也没有发生，也就一个个离开了原地。到这时，福茜才得以走上前去关掉了录音机。

当天晚上，当福茜在自己的小屋里重放白天的这段录音带时，她听到了夹在两段尖叫声中间的、自己那一段戏剧性的台词，不禁哈哈大笑起来。她感到很惊讶，简直不敢相信这段话真是由她说出的。

1972年年末，当有新的大学生到卡里索克研究中心工作时，福茜就把自己那一套接近大猩猩的方法传授给他们。第一堂课，就是教他们模仿大猩猩打饱嗝的声音。有些人发音老是不正确，其中一个发的饱嗝声，听来像是山羊的"咩(miē)咩"叫声。但即使如此，过了几星期以后，那些大猩猩对他这种独特的问候声居然也能容忍，而且习惯起来了。

另一个人，他总是嘲笑大家所采用的通过模仿接近大猩猩的办法。他见到附近有大猩猩时，做的动作总是很急速、剧烈，实质上是进攻性的，所以他使大猩猩习惯起来的时间，远远超过了别的研究人员。有一次，这个人领着一个庞大的吵吵嚷嚷的旅游团，走进大猩猩活动区。当他从两组大猩猩的正下方走近它们时，有一只"银背"就被激怒了。这只"银背"和他滚打了近10米距离。他的3根肋骨被弄断，脖颈背面被咬了个大口子(如果从颈部腹面咬穿了颈动脉或静脉，他的命就保不住了)。后来，这个人还夸耀他"死里逃生"的经历，却不承认这些事故，正是因为他违反了和大猩猩交往的一般规律才出现的。

虽然进展并不总是顺利，但福茜丝毫没有颓丧，她坚持按照原定的计划去做。在野外见到大猩猩时，模仿着从柯柯、普克那儿学来的叫声和动

131

作,想法去接近它们。这种方法不久慢慢奏效了。它们最初遇到人时的恐惧感消失了,特别是有几只年轻的大猩猩,跑到离福茜很近的地方,好奇地玩弄起她的衣服、靴子,摸摸她背的相机,或者瞧瞧她的望远镜。

有一次,福茜和一只担任首领的大猩猩——拉菲基遇上了。它那高大魁梧的身材,是够吓人的。一开始,福茜先发出柯柯常发出的那种深沉的音调——"诺姆、诺姆——",然后发出普克常发出的那种高音调(这声音是告诉对方:这里有食物,快来吃)。没有想到,这套发音很灵验,立即把拉菲基的注意力吸引了过来。只见它向福茜走来,从它的表情和神态来看,像是在说:"现在我来了,你该不会骗我的吧!"

这些接触令人神往。福茜常常从新的发现中找到了无穷的乐趣,长久以来积压在心头的烦恼、担忧,都烟消云散了。每天,当晨曦伸向山巅之前,那茫茫无际的白雾,抢先弥漫了整个山峦,把山和天融成一片。漫山的岩石、林木,好像全都抹上了一层薄薄的轻纱,显得分外妖娆。福茜就在这时开始了一天紧张的工作。有时,她爬到树上去考察,几只最年轻的雄性大猩猩——皮纳茨、格里茨和汤姆逊也爬到树上来找她。它们一会儿看看福茜身上那些挺稀奇的、带着镜子的装备,一会儿摸摸她靴子上的鞋襻(pàn)……

有几次,福茜悄悄地走进正吃得很香的大猩猩中间,并且当着它们的面,发出一连串"诺姆、诺姆——"(表示吃得很有滋味)的声音。很快她就惊喜地听到,周围那些长毛的"伙伴"们,也用同样的声音在回答她。她已经能用大猩猩通晓的语言和它们对话了!想到这一点,她怎能不激动呢?!

有时候,福茜还学着大猩猩的模样,蹲在灌木丛中,假装在大嚼着野芹菜,一边还咂(zā)咂地发出声响,好像在品尝着美味一样。有一回,一只大猩猩闻声赶来,似乎要看看她究竟吃的是什么好东西。然后,当福茜使劲地搔(sāo)头皮时,它也几乎同时搔起头皮来。

福茜后来回忆自己这段考察生活时说道:"有时候我觉得自己真像个大傻瓜。在细雨蒙蒙的山林中,独自坐在那里,学着大猩猩的样子做着各

大猩猩学着福茜的样子搔头皮

种动作。"可是她却越学越感兴趣，因为，大猩猩跟她越来越亲近起来了。
这种成功所带来的喜悦，没亲身经历过的人是无法领略的。

她和森林"恶魔"握了手

一双黑色的手臂抱着树干,过了一会儿,露出了一个毛茸茸的脑袋。它那闪亮的眼睛透过灌木丛,向福茜凝视着。

这是 1970 年年初的一天。福茜正站在比这只大猩猩要略低的山坡间的树上,举起望远镜瞭望着,生怕对手的行动有一丁点儿从她眼皮下漏过。她很熟悉这张脸,不仅是这张脸的各个细节,而且包括它那丰富、复杂的表情。这只淘气的大猩猩名叫"皮纳茨",福茜很喜欢它。它和它的同伴已经很早就习惯和福茜待在一起了。

福茜从树上下来,蹲在绿叶丛里,像那些长毛的"伙伴"一样,发出"呷呷"地嚼着什么东西的声音。凭她过去的经验,她知道这么做,皮纳茨就会放心地和她嬉戏了。

皮纳茨面露笑容。这时它离开那棵树,向福茜的方向走近。这只已经成年的大猩猩,虎背熊腰,生机勃勃,活像个擅长表演的马戏团演员。你看它,猛烈地捶打着自己的胸部,嘴里衔起一片树叶,接着又将它抛到空中,然后大摇大摆神气十足地往前走了几步,拍打了几下周围的枝叶,突然来到了福茜的身边。它的表情像是在说:

"我已经为你表演了娱乐节目,现在该轮到你上场啦!"

于是,皮纳茨坐下,注视了一会福茜的"进食"动作,似乎这个"节目"并不特别引起它的兴趣。福茜立刻换了个"节目"——使劲搔自己的头皮。这种动作对大猩猩来说是很熟悉的,它们也常常这么搔头皮。

皮纳茨几乎同时搔起了头皮。现在不清楚,究竟是谁在学谁的动作了。然后,福茜重新回到灌木丛旁,尽可能做出不伤害对方的样子,并且慢慢伸出手去。福茜首先将手心向上摊开(因为猿和人的手,手心的相似程度要超过手背)。当福茜感到皮纳茨认识这件"东西"时,便慢慢地抽回了手,并让它搁在灌木丛上。这时,皮纳茨向前走了几步,离福茜越来越近了,然后伸出自己的手,轻轻地将手指搭在福茜的手指上。

在《与高山大猩猩相处的岁月》一文中,福茜这样描写当时的情景:

> 皮纳茨这时候坐下,看了一会儿我的手。它站起来,做了一个急促的捶胸动作,借以抒发它此刻的兴奋,然后加入自己那一群中去了。我无法抑制内心的喜悦和激动,几乎喊出了声。这是我平生以来所享受到的最令人羡慕的礼品。
>
> 据我了解,一只野生大猩猩和人靠得这么近地握手,这还是第一次。

是的,在福茜以前还没有一个人,在野外和被称为森林"恶魔"的大猩猩这么握过手。

有一天,正是果实成熟的时节,福茜来到第八组、第九两组大猩猩共同聚集的一棵臀果木树上。这些猿类在这儿采食已经有一个多星期了。臀果木树的果子是大猩猩喜爱的食品。但当她和摄影师鲍布走到树下时,发现树上已被采摘一空。

"我并不感到惊奇,"鲍布望了一眼整片凋零的树丛,说道,"即使做一个单个的白天休息用的巢,这儿的枝叶数量也不够。"他们猜测,猿群可能已向高处的山坡上移动,于是穿过折断了的树枝向前追踪。福茜看到一根树梢上挂着几颗熟透了的果子,便摘下3颗放进了提包里。

不久,他们发现在离他们200米远处,第八组的一群大猩猩正在悠然自得地晒着太阳或是打着盹(dǔn)儿。于是两人便蹲在一旁,安静地注视起它们的动静。过了两个小时,这些大猩猩都下山去了。鲍布和福茜便收拾好随身的装备，准备返回营地，心里在想：这一天看来收获不大了。突然，福茜身后猛然跳出一只身强力壮的大猩猩，定睛一看方知是皮纳茨。它站在一根圆木旁，眉宇舒展，看来很高兴。它在福茜身上放了一颗果子，这时它那略带狡黠的表情像是在说：

"好吧，我放一颗果子在你身上。你看，我不是这样做了吗？那么你呢？"

福茜立即想起自己的提包里有3颗果子，于是慢慢地将一颗果子放到圆木上面，示意让皮纳茨来取。使她吃惊的是，皮纳茨居然爽快地将这颗果子丢进了自己的嘴里，然后直盯着福茜，像是请求给他第二颗。福茜摊平自己的手，将另两颗果子放在手心上递给皮纳茨，只见皮纳茨用粗糙的

"你真是个吝啬鬼！"

手指犹豫地拿起了果子。

"这个时候，我真愿意用我脚上的靴子换取更多的果子！"福茜回忆起当时的心情，这样说道。

在有礼貌地等待了几秒钟之后，皮纳茨大摇大摆地跑到福茜的另一边，侧转着身子似乎是在向她说："你真是个吝啬鬼！"然后，它急忙钻进自

己的那群伙伴中去了。

　　这是一幅宁静和平的画面,看来人是可以和大猩猩友好相处的。

大猩猩家族内幕

几年来,在福茜所考察的地区里,各个大猩猩家族经历着不同的命运。它们中间有的融洽和睦,尊老爱幼;有的家长专制粗暴,家族内就军心涣散。在这些家族里,既有小宝宝出生时节日般的欢庆气氛,也有失去爱妻幼仔时的凄惨情景。福茜早已不是这些家族的旁观者,她和心爱的大猩猩们一道体验着它们的喜怒哀乐,观察和记录着身边每个家族的种种变化,细心地编写着这一个个家族的历史。经过多年的辛劳,她已经能把它们的家谱,把每个家族的兴亡和盛衰的故事,说得头头是道了。

按灵长类学家沙勒博士以往的看法,大猩猩的家族是基本稳定的,只是在有了出生和死亡,或者偶然有旁的个体加入这一群时,才会有所变动。事实是否真是这样呢?

在考察的最初的三四年里,福茜就开始观察营地附近的第三组、第四组和第八组3个组的大猩猩,记录这些大猩猩群体的活动和变化,根据各组的活动范围画出分布图。她很快就发现,这些分布图是变形虫的形状,在不断变化和移动,其中有两组的图形显示出交叉和融合。这说明,这些猿群的组成并不是固定的,其中有的个体从一组移向另一组。发生这些变化的原因,有时是很微妙的。

1968年,第八组的一位女族长考考死了。不久,剩下的包括头头拉菲基在内的5条单身汉不愿意再和自己的伙伴在一起,它们就越来越向其他两组——第四组和第九组靠近。可是,第四组的伙伴们也有自己的苦恼。它们原来的头头老温尼死去了,留下第二任的头头"伯特大叔"是个爱激动、脾气暴躁的角色，它对下属过于严格和专制。它手下有一只叫阿摩克的年轻的"银背"，就不怎么服它管教，它想和第八组的那几条单身汉一起游逛。所以当福茜偶尔在树林里见到阿摩克时，听到的总是大猩猩在逃跑时发出的那种惊叫声，这说明它现在已经是个孤独的流浪者了。

再说第八组的那几条单身汉，它们声势浩大地向邻近的第四组走来。伯特大叔见它们成群结伙地闯进来，很有点吓人的气势，便带领自己那一组人马，朝维索克山南坡的林中空地逃去了。

福茜看到，1969年至1970年两年里，第八组的这5条单身汉就时常集中在以格罗米诺为首的第九组附近。倒不是说格罗米诺欢迎以拉菲基为首的这5只雄性大猩猩，在这两组的"银背"大猩猩之间，也时常发生摩擦。它们有时表现得很激动，又是捶胸、折断树枝，又是敲击地面，但却很少真正的搏斗。这两个组间的距离总是不远，有时甚至在一棵树上进食。

在考察中，福茜发现了一件挺有意思的事，这就是一群大猩猩的脾气、性格，常常是由这一群的头头的个性来决定的。第四组原来的头头温尼，是一只性格温和平静的大猩猩，它向组里的成员呼唤，总是用平和的声调。这群大猩猩呢，对福茜也挺温和。后来，温尼在1968年死了，接替它的"伯特大叔"是个脾气急躁的家伙，连它的下属也变成这样了。它们见到福茜，也总是拍胸脯，掷树叶，发出惊叫，等等。

福茜还看到，有些大猩猩会从原来的那一组转移到另一组。据她头7年统计，有13%的个体参加了这一类转移，而且都发生在雌性大猩猩身上。也就是说，雌性大猩猩被另一组的"银背"拽走了。

1976年5月5日是个不平常的日子，三位"猿姑娘"——古多尔、福茜和加尔迪卡斯（美国的人类学研究生，从1971年起来到加里曼丹热带雨林考察猩猩，取得了出色成绩）第一次在美国聚会。在科学报告会上，福茜向到会的一百多名利基基金会的同行做了报告。她提到，在她开始考察的六七年里，大猩猩由本组转移到另一组，共有22次，其中有17只雌性大猩猩被雄性带走了。而且有的到了另一组后，还会转入别的一组。有些雄性在

139

接受雌性加入本组之前，先要把它的婴儿咬死。

后来，就在1976年福茜回到营地后不久，她发现在"伯特大叔"领导的第四组里，多了个新成员——雄性大猩猩比茨姆，这是她见到的第一次的雄性转移。比茨姆3年后又转到了新建立的皮纳茨的那一组。从此以后，这种雄性大猩猩进入别的组的现象，多了起来。

福茜总是喜欢研究各个大猩猩家族的家谱，从这里了解每个家族的身世和变迁。她发现，在她考察的地区中，各个家族在几年内经历着不同的命运。由于年老的"银背"衰老或者死去，或者管理不得力，有的组逐渐瓦解和分化了。她看到，由"伯特大叔"率领的第四组遭到了毁灭性的挫折，几乎全军覆没。1977年至1978年两年里，这一组就有迪吉等4只大猩猩被偷猎者打死，有2只幼仔被同伙咬死，还有9只大猩猩先后从这一组走出，另找门户。而足智多谋的贝多芬率领的第五组，虽然有班乔等2只幼仔被咬死，个别大猩猩转到了别的组，却仍然相当兴旺，到1980年前后全组还有16名成员。营地周围还很难找到这样的例子哩！与此同时，有些强有力的首领会自告奋勇地登台，招兵买马，引来一帮子同伴组成新的家族。一个叫农基的"银背"，就是这么个惹人注目的新头目。

这件事发生在1972年。农基是只脾气不好、毛色发灰的"银背"，它起初在第五组的活动范围内露面。谁能料到这个孤独的流浪汉后来竟时来运转，建起了一个有势力的新家族。

这一天，一名大学生助手冲进屋子，告诉福茜关于这位闯入者的事，并且告诉她，这是一只孤独的"银背"，一只老年的大猩猩。

"胡说！"福茜不假思索地答道，"老年的'银背'不会单独游逛，它们总是挨近自己的一群活动的。"她凭自己的经验认为，农基可能是只比较年轻的、属于外围的"银背"，它现在是为找配偶、建立自己的家来的。可是福茜估计错了，农基对于她来说完全是一只陌生的大猩猩。

农基来到的第一个月，就从贝多芬的第五组抢走了1只年轻的雌性，几个星期后又抛弃了它。在以后的几个月里，农基又抢走了第五组里3只以上的雌性，在争夺中它可能还咬死了1只幼婴。

大约一年以后，农基可能认为第四组的头头"伯特大叔"不会算计，是个好欺侮的角色，于是从这一组拐走了两只年轻的雌性大猩猩，一只叫帕蒂斯，另一只叫佩图拉，不久就相继生下了子女。这样，当农基正好8岁时，就有了6个子女，还从至少3个组里夺来了6只雌性大猩猩，在维索克山的高坡上建起了自己可靠的家族领地。这个家族的兴起，正是其他家族瓦解、分化所促成的。1978年起，第九组在它头头死去后，分化了；而第八组在它们年老的领导者拉菲基死去后，也开始衰落。福茜说道："对于我所考察的这几群大猩猩来说，农基把多少件事情弄得个底朝天啊！它使我打开了眼界，看清了大猩猩家族形成和成长所走过的道路。"是的，过去福茜看得模糊不清的大猩猩的行为（像组间的转移和杀婴的惨剧），现在都得到了解释。

福茜总是喜欢摆弄每个大猩猩家族的家谱，在她1981年写的论文和《雾中的大猩猩》一书里，都列有详细的家谱。弄清它们每个成员的来龙去脉，是件复杂而恼人的事，然而又是十分有趣和必要的。每个成员的姓名和组的编号，常常容易搅乱，使这幅图画有时变得模糊了。她要搞清楚100只左右大猩猩的性别、出生年月、配偶和家庭关系，要知道它们是怎么迁移或死亡的，是自然老死，或是被偷猎者打死，或是种族内的残杀？它从哪一组来，又进入了哪一组？小小的一张表格，凝聚了她和同事们的多少心血啊！她也知道，群组之间的转移、生和死、等级地位的改变，这些事不断改变着眼前的这幅图画，而她的一个重要目标，就是要交代清楚登场人物变动的原因，就好像抓住牛角，就牵住了这头牛一样。

141

最凶恶的敌人

福茜曾这样说过："我感到待在大猩猩身边，要比待在人身边更为安逸。""我热爱非洲，并且我终生热爱动物。"在长年的考察生活中，福茜深刻地认识到，对于大猩猩来说，最凶恶的敌人不是别的，正是人。由于偷猎活动没有得到制止，大猩猩随时都可能遭到捕杀。

1972年年末，福茜的助手、大学生雷德蒙从野外丛林中带回来一个惊人的消息：福茜所心爱的大猩猩迪吉，遭到了偷猎者的枪杀！

这一天，雷德蒙和一名当地居民照例走进雨林考察。当他们走到偷猎者为捕捉羚羊设下的陷阱边时，突然见到了一堆血肉模糊的东西。细细一看，才知是大猩猩的尸体，头部和手已经被砍了下来。他们大吃一惊！不久前还生龙活虎的一个生灵，现在却遭到了偷猎者罪恶的屠杀！这些凶手采用如此残忍的手段，使雷德蒙感到悲哀而又愤慨。他现在从事的研究，就是为了拯救大猩猩，使它免于绝灭啊！

这次屠杀，是福茜和高山大猩猩相处6年来最使她悲伤的事件了。到现在为止，营地周围的高山大猩猩只剩下大约220只了，20年里正好减少了一半。迪吉是所考察的大猩猩中福茜十分心爱的一个，她总是喜欢亲昵地把它称作"我心爱的迪吉"。可是，现在它却离去了。

迪吉是在自己的岗位上，为了大伙的安全付出了自己的生命的。除夕这一天，一群狗尾随着6名狡猾的偷猎者，突然闯进了维索克山西部为捕捉羚羊而设置的陷阱的一端。迪吉就像是本组的"看门犬"，忠于职守。它赶走了6名偷猎者（他们没料到这只年轻的大猩猩会战斗得这么英勇，纷

营地巡视

纷被吓退了），又撵跑了冷不防窜进猿群来的那几只恶狗。迪吉让同组的13个伙伴先后逃脱，自己却中了"暗箭"——身上有5处被矛刺中，霎时血流如注。尽管如此，在为本组死去之前，它还勇猛地自卫，咬死了偷猎者的一条狗。凶狠的偷猎者不敢与迪吉正面较量，却用阴险的手段，从背后夺去了迪吉的性命。临走前他们竟还得意地庆祝这次偷袭的胜利。

福茜和助手一起抓获了一名凶手，他被迫供认了5名同谋犯。经过有关部门审讯，将2名凶手监禁了起来。

迪吉是福茜考察的头一个10年里，她考察过的大猩猩中被偷猎者杀死的第一个。福茜满怀哀伤，找了块屋前的土丘，将它掩埋了。这时她不禁想起，迪吉作为一个父亲，却连自己唯一的后代——姆怀鲁都没能见上一面。

为了和偷猎者做斗争，福茜和助手们做出了最大的努力，甚至付出了血的代价。

在维索克山和卡里辛比山之间大猩猩的进食地点，雷德蒙和福茜他们定期搜索偷猎者的行踪。一天下午，雷德蒙和一名当地居民正要返回营地，这时恰好发现了一口陷阱，那是3名偷猎者用刚砍下的树苗新修筑的。他们俩赶忙退到隐蔽的地点，想等待偷猎者离开后，悄悄地将所有陷阱都撤除。因为这些陷阱如果不撤除，往往会使大猩猩跌落到里面，成为偷猎者的"战利品"。

"咝——"，突然，3支长矛插入他们俩藏身的土丘上。雷德蒙毫不犹豫地抬起身子，告诉对方自己在场。可是，穷凶极恶的偷猎者仍然双手抓起长矛对准雷德蒙的心窝刺去。雷德蒙全然不顾，用手臂捂住自己的胸口。他这么做虽然救了自己的命，但是左腕被长矛刺中，血流如注。一伙偷猎者却逃得无影无踪了。雷德蒙不顾手臂的剧痛，在回营地前仍同那个非洲助手一起，捣毁了偷猎者布下的所有陷阱……

经过这样坚持不懈的斗争，禁猎法终于得到了贯彻，那些违法分子一旦被抓住，就被监禁、判刑。可是达到这一步，是他们用多少代价换来的啊！

自从那次遭遇以后，卢旺达的官员们劝福茜不要进入陷阱区去做捣毁工作，他们奉劝她要顾全自己的生命安全……

"迎头搏击才能前进。勇气减轻了命运的打击。"福茜懂得，为了拯救大猩猩，为了她的事业，她也可能像雷德蒙一样，有朝一日遭到偷猎者的明枪暗箭。那些只认得金钱的偷猎者，一朝利欲熏心，或者受大麻烟的刺激兴奋起来时，是什么事都干得出来的。对于可能降临到自己头上的一切打击，她是早有准备的。否则，她不会刚接受利基博士的委派，就主动去医院割除了阑尾；也不会当有那么多亲朋好友劝她不要去非洲冒这么大的风险时，她却头也不回地毅然离开了故乡和亲人。

只要是对拯救大猩猩有益的事，福茜总是努力去做。从1969年起，她和同事们一道，对大猩猩的数量开始做长期的普查。她几乎跑遍了维龙加山的每一个山坡、山峰，不知穿过了多少丛林，越过了多少溪谷。在普查中,她还调查了大猩猩的饮食(光是它们常吃的食物,她就采集了近300种,有不少她还亲口一一尝过)、它们的分布和繁殖情况,精确地统计每一组大猩猩的数量,估计出它们的活动范围等等。

正是凭着这种对科学事业的热爱以及忘我的奋斗精神,福茜把自己的青春甚至生命都奉献给了这片土地,为探索和拯救野生大猩猩做出了不朽的贡献。

自相残杀

　　生活在密林中的大猩猩会遭到许多威胁，偷猎活动只是其中的一种。有一件事比偷猎更使福茜感到意外，那就是她发现，大猩猩内部之间竟然自相残杀，尤其是残杀猿类中的婴儿。这事要从1974年幼仔绍尔的死说起。

　　在福茜考察的25平方千米的范围内，她对第八组的首领拉菲基一家，

"伯特大叔"咬死了绍尔，霸占了马乔，皮纳茨成了"孤家寡人"

是相当熟悉的。后来老妻柯柯死了，拉菲基找了个年轻的大猩猩马乔为妻，不久生下一个雌婴绍尔。小女儿还没长到一岁，年老的拉菲基就死去了，这个大家庭就这么垮掉了。"树倒猢狲散，墙倒众人推"，虽然拉菲基的

儿子皮纳茨也出落得"一表人才"，它也很想继承父亲的家业，保护家中的"孤儿寡母"——马乔和小妹妹绍尔，可是邻居中第四组的头头"伯特大叔"早就看中了马乔。于是有一天，这位"伯特大叔"寻衅闹事，它当着皮纳茨、马乔的面，又是吼叫，又是捶胸，想着法儿要让皮纳茨一家就范，听命于它。毕竟"伯特大叔"体壮力大，又"老奸巨猾"，这一场火并，它大获全胜，不但咬死了绍尔，而且把它年轻的妈妈——马乔霸占了过来。第八组的皮纳茨从此被甩在了一边，成了地道的孤家寡人，只得过独身生活了。

过了将近两年，又发生了幼婴失踪的事，而且过程更为曲折和神秘。1976 年 4 月初，福茜在考察第五组大猩猩时，发现少了一只 5 个月大的幼仔——班乔。它到哪儿去了呢？她和助手们日夜搜寻，整整找了 5 天，根本见不到班乔的踪影。这真比大海捞针还要困难。有什么办法来解开这个谜呢？

"对！从粪便中去寻找。"福茜想到这里，就请非洲人一起，从大猩猩夜间的巢中搜集粪便，进行标号、清洗和过滤，一一鉴别(判断它属于哪个个体)。采集回来的粪便共有 180 千克！经过两个星期的清理，从找出的 133 片骨片和牙齿、毛发中，居然找到了班乔的碎骨片！这些骨片，是在同一组的一只雌性的大猩猩艾菲和她的长子的粪便中发现的。可是，这骨片加起来也不过一小堆，那么班乔尸体的大部分究竟到哪里去了呢？福茜认为，自己的调查还没有得出满意的结论。

自从福茜心爱的大猩猩迪吉死后，她和助手们就加强了巡逻，使偷猎者一时不敢猖狂。所以第四组的日子过得倒也比较平静。可是，偷猎者的本性难改，他们贪婪的欲望是填不满的。不久，这帮凶手又冷不防闯入第四组的住地，开枪打死了"伯特大叔"和它的妻子马乔；于是第四组又发生了内讧(hòng)和角斗。

"伯特大叔"一死，第四组就开始了争夺"王位"的斗争。大猩猩泰吉原来是有希望当头头的，可是富有野心的比茨姆把它撵走了，自己上了台。它还向年轻的母亲弗劳赛频频发起挑衅，向她显威风，拼命地撕咬她，特别是对她的幼仔弗里托发起进攻。终于在"伯特大叔"死后第22天,比茨姆杀死了弗劳赛的小宝贝。又过了两天,这位野心勃勃的新首领终于达到了自己的目的,和年轻的弗劳赛进行了交配。

要让福茜接受大猩猩会害死同类这样的事实,起初是很困难的。因为几个世纪以来,所有的经典著作里,都没有它们自相残杀的记载。直到古多尔在坦桑尼亚密林考察的后一阶段,发现了黑猩猩有自相残杀的现象,才改变了人们的传统看法。然而在大猩猩中看到这一类事实,却是有史以来第一次呢!

在野外考察中,福茜眼看着受害的大猩猩的颅骨被咬得粉碎,痛心疾首。到1981年,在她考察的前13年里出生的38个婴儿中,有6个就是这样死去的。

看来,在大猩猩和平、宁静的生活之中,潜伏着战争和谋杀,存在着弱小的家族被强大的家族吞并这一类惨剧。人类的近亲大猩猩的这一类行为,使福茜仿佛看到了在人类远古祖先生活的时代,原始群落之间发生战争和搏斗、盛行食人之风的种种场面。她不禁想起利基博士说过的话,从大猩猩身上,可以看到我们人类远古时代的情景……

那么,大猩猩为什么要咬死同类的婴儿呢?

许多年来的观察使福茜相信,杀婴是大猩猩为达到特定目的而采用的一种手段。雄性大猩猩采用这种手段,来本能地保全自己的血统。它们为了达到和受害者母亲交配的目的,就咬死另一个雄性留下的后代。

眼看着大猩猩的数量因为杀婴等原因而减少,福茜自然很痛心。她感到自己有责任保护它们。不久以后,她还做了一次有趣的尝试,将一只栏养的大猩猩放回雨林,为这孤儿找到了个家呢!

孤儿重返雨林

1980年元旦的早晨，"砰砰"的叩门声划破黎明的寂静。福茜一打开门，头顶着一只平常盛土豆的篮子的食品采购员就走了进来。福茜正要告诉来人眼下不需要什么土豆，来人却兴奋地叫道：

"伊考恩加基！"

这意思是说："这篮子里有一只大猩猩！"

福茜的心顿时一震。她提着篮子来到一间大屋子里，慢慢掀开篮子，只见里面爬出一只瘦弱不堪的雌性大猩猩，大约3岁年纪。

经采购员介绍，这只大猩猩是扎伊尔（现民主刚果）的偷猎者捕获的，准备卖给一个法国医生，出价是1000美金。来这以前一个半月，它被关在一间潮湿、阴暗的土豆储藏室里，那是在卡里辛比山下国家公园的边界线上。主人喂它面包和水果。因为条件太差，这个小家伙得了病，肺部严重充血，而且脱水。

这个小家伙名叫邦妮。一见到人它就惊慌不安，立即藏到了床底下。头两天都是这样。福茜派人每天按时给它送去新鲜的蔬菜、水果以及筑巢的材料。不久，邦妮开始自己进食了，并且睡进了专门给它搭的巢里，福茜心中很是高兴。

福茜对邦妮十分宠爱，她决定将这个孤儿重新放回雨林，让它回到自己的同类中，去过自由的生活。在她看来，让动物享受到阳光与和风，要比关在兽栏里更为公道和合理。此外，通过这种尝试，她还可以观察到许多新的东西，为拯救这种快要绝灭的物种，探索出新的办法。

血洒雨林为大猿

可是，现在还不能立即放邦妮到野外去。福茜心中盘算着：前一个半月，把它身体调养壮实起来，同时让它到营地四周的草地上游玩；后一个半月，训练它做到能重新灵巧地爬树，熟练地采集食物。

照顾邦妮的事，由一位非洲妇女辛迪来承担。11年前，那两只小宝贝——柯柯和普克就是她精心照料好的。现在她虽然已经年老了，可是对这只新到的"宠儿"的体贴和热爱，却丝毫未减。她常常把邦妮抱在怀里，给它暖暖身子。邦妮一想睡觉，她就搂着这小宝贝一块儿睡。在这两个多月里，营地的气氛活泼、热闹多了。当邦妮在草地上晒太阳时，淘气的狗就和邦妮一起摔跤或互相追逐，看来它们已经结成好朋友了。

到了 3 月份，邦妮的身体完全康复了。在把它放到野外猿群中去以前，首先要让它放弃已经熟悉了的东西，像供给它的膳食、温暖的小屋、平常关心它的辛迪和它的朋友们。所以，福茜让人在露天安了一个营帐，里面有一个睡袋，可以供邦妮睡觉。这营帐离大家的营地比较远。在这座陌生的营帐里，邦妮在一些人的照看下，学习过艰苦的生活。

那么，将邦妮放到哪一"家"去最好呢？福茜认为，最好是把邦妮放入新建立的第四组中去。因为这一组没有婴儿，家族中彼此的血缘关系不很紧密，如果放进邦妮这孤儿，兴许还能使家族成员之间的联系紧密些呢！

开始试验的第一天终于来到了。可是天不作美，下起了倾盆大雨。第四组又和另一个组发生争执，打了起来，它们一个个都在气头上，过于兴奋激动，看来在这种时候它们是不会接受一个生客的。回到营地后，福茜不得不决定，将邦妮送到第五组的大猩猩中间去。第二天，福茜和大学生约翰一道，带着邦妮朝第五组走去。可是她内心却在嘀咕着，不知道今天能不能取得成功。一路上，邦妮喜笑颜开地骑在约翰的背上，显得格外高兴。

他们来到了维索克山南坡。细雨蒙蒙，给青山罩上了一层薄薄的轻纱。现在是大猩猩午间休息的时刻。在第五组大猩猩的栖息地附近，福茜找到了一棵长得结实而高大的树，他们连同邦妮三个就往树上爬去。就在离他们约 15 米的地方，第五组的老"银背"贝多芬见来了这批生客，吃惊地盯了一阵，发出了短促的尖叫。然后它打量了一下这树上的同类——邦妮，好像是要确定它是不是和自己一个组的。而对于邦妮来说，贝多芬是它在这3个月里所见到的第一只大猩猩。它显得十分规矩，没敢多向对方盯上一眼。听到自己的头头的叫声，第五组的大猩猩塔克抿紧嘴唇，走到树下，神经质地敲打着枝叶，它的妈妈艾菲也直挺挺地走着，带着不太愉快的面部表情。

邦妮好像见到了久别重逢的朋友，它慢慢从约翰的臂弯里抽出身，爬下树去，走进了自己的同类中间。当这小宝贝经过福茜身边时，她本能地伸出手去，就像母亲生怕孩子遭遇什么危险一样，然而又立刻抽回了手，因为福茜知道，自己不应该去干涉邦妮的行动。邦妮爬到了塔克身边，和那几只大猩猩亲热地互相拥抱，好像是老朋友一样。福茜和约翰相对微笑了一下，他们感到，过去对这次尝试所存的担心都是多余的了。

谁知，接着他们所担心的事就发生了。只见艾菲大摇大摆地朝塔克走去，这两个家伙竟为争夺邦妮而打了起来。它们都使劲将邦妮往自己这一边拽，拖它的四肢，咬它。邦妮吓得尖叫起来。福茜和约翰在树上观看了这场紧张的争夺。过了10分钟，他们感到不能再袖手旁观了，于是朝邦妮喊道：

"跑到这儿来，跑到这儿来！"

福茜连忙向树下爬去，救出邦妮后，向上递给了约翰。艾菲和塔克一时有点惊慌失措，然后威胁性地盯了他们俩一眼，像是要救回邦妮。出乎意料的是，邦妮却又脱开约翰的臂弯，主动朝塔克和艾菲俩爬了过去。看来，这小家伙决心要使自己成为一只野外的大猩猩！

塔克和艾菲又立即恢复了"猫捉老鼠"的游戏，折磨起邦妮来。眼睁睁地看着它俩的野蛮行径，是令人痛苦的，小家伙的凄楚的喊叫声也叫人不忍耳闻……听到这叫声，贝多芬嗥叫着跑来，把艾菲和塔克吓退了。邦妮呢，它摇摇晃晃地径直跑向这只老"银背"，想得到它的爱抚。贝多芬闻了闻邦妮，却没去搂它。这时雨下大了，贝多芬转过它的背替邦妮挡雨，小邦妮将身子贴在老"银背"宽阔的脊背上,浑身被浇得像只落汤鸡,不时抖动着身子。后来,雨势减弱了,第五组的一些小家伙也来看望这小客人。邦妮坐在它们中间,平静地开始找食吃。突然,大个儿伊卡勒斯走进它们中间,它拨开众猿,伸出一只胳膊拽起邦妮,穿过树丛而去。艾菲、塔克也加入这个行列,一起向邦妮发动进攻。伊卡勒斯的动作更为粗暴,它将邦妮咬住,拖着跑了五六米。小家伙恐惧地喊叫着。后来,邦妮已经无力抵抗,只得静静地躺下来,它已经彻底认输了。

最后,伊卡勒斯使足劲将邦妮拖下山去,路上又将它扔到了一边。这回似乎出现了奇迹,小邦妮终于自己爬回到福茜所呆的树下,福茜连忙救出受难的小家伙,将它举给待在上方的约翰,约翰又将这小家伙藏在他的防雨夹克衫下面。

几只年幼的大猩猩这时赶到树下,企图堵住邦妮的退路。这时伊卡勒斯驱散了众猿,径直朝树上爬来。福茜面对身躯比自己魁梧的庞然大物的进攻,这在平生中还是第一次。她回忆当时的情景说:

"我将永远不会忘却这一瞬间——年轻的'银背'嘴里呵出的热气,直钻进我那已经被汗水弄得潮湿的靴子里,它的脑袋离我的脚只差几厘米。只是因为约翰和我在它上面,而且我们毕竟是两个人,所以它才不敢继续追击邦妮。"

接着,只要约翰和福茜移动一步,伊卡勒斯等就叫嚷一阵,并且怒发冲冠,浑身冒出刺鼻的气味。它们还露出獠牙,使劲地晃动着脑袋,摆出一副随时参加搏斗的姿态。这样对峙了1小时,第五组的一些人马撤走进食去了,伊卡勒斯一伙也就跟着走了。过了一会儿,约翰和福茜才跳下树,将邦妮带回到营地。

过了二十来天,福茜在美国惊喜地接到同事们的来信。信中告诉她说,邦妮已经成功地被放回野外。原来,她的学生和同事想出了新点子。他们把第四组大猩猩的粪便抹在邦妮的身上,这样,就驱除了它身上陌生的气味。同时还让邦妮带上新设计的食品袋,里面放着水果,袋顶有个它的脑袋可以通过的小口，如果邦妮饿了，把小脑袋伸进去就可以吃到东西。

这一天，当邦妮正在野外将脑袋伸进口袋去吃菠萝和香蕉时，第四组的大猩猩慢慢向它走近，全都聚在了一起。1小时后，等考察人员来到时，邦妮和小伙伴们玩得正欢呢！头头皮纳茨主持着这儿的一切。邦妮一见到它的人类朋友，正要靠近，皮纳茨立即上前挡住了去路，一副威胁的神态，像是在说：

"这孩子现在是我们的了！"

"这孩子现在是我们的了！"

从此，邦妮就在头头皮纳茨身边生活，这个孤儿受到了第四组所有成员的宠爱和保护。1981年5月，由于连续的阴雨，邦妮患了肺炎，在回到野外1年后不幸死去。

这次试验成功了！虽然福茜和助手们冒了不小的风险，可是却证明了：使栏养的大猩猩重新回到大自然，为它找个新的"家"，是完全可能的。为拯救这种将要灭绝的动物，福茜迈出了可喜的一步。

153

女杰在黎明前死去

正当福茜和偷猎者做不懈的斗争时,厄运却降临到了她的头上。

1985年12月27日,一个凄风多雾的严冬的早晨。当守屋人推开高山雨林中那扇熟稔的屋门时,眼前的情景霎时使他惊呆了!

女主人静卧在血迹斑斑的地板上,又深又长的一道刀口斜向越过前额。沿鼻尖向下,以及双颊,都留下了凶手残暴的痕迹:总共有6处砍伤。这位53岁的女子双目圆睁,至死也放不下对她所钟爱的大猩猩和雨林的深深牵挂。

据知,福茜随身备有自卫手枪,睡前上好了门锁。事后分析得知,12月26日深夜,偷猎者从福茜居室的墙上钻了个洞,闯入后举起两尺长的罪恶的砍刀(可能是在福茜惊醒后举起手枪前),向这位女考察家头部连砍6刀。

噩耗传出,唁电、唁信从世界各个角落雪片般飞来。人们难以相信,偷猎者竟会加害于这样一位杰出的女考察家,一位为保护大猿以及改善人类生态环境而不倦工作着的斗士。

福茜的死,再次应验了1980年遇害的奥地利女考察家乔伊·亚当森的名言:"最可怕的不是动物,而是人。"

追忆和悼念福茜的浪潮,波及世界各地。她生前所在的利基基金会决定建立以福茜的名字命名的基金,来继续推动对于灵长类的研究,并出版专集纪念福茜在大猩猩考察领域所取得的不朽业绩。正如美国国家地理学会主席斯罗绍纳所说:"黛安·福茜虽死犹生。没有任何一个人曾付出像她这样沉重的代价,这种沉重的付出已超越自身的生命。她以其卓越的研究成果馈赠后人,必定将战胜死亡,继续造福于人类。"卢旺达政府也向外界宣布,不仅女考察家所创立的研究中心将予以保留,而且将使它扩大和加强。

笔者案头放着的福茜写的考察专著和她的亲笔来信,好像告诉我她并没有逝去。此刻她仿佛正从书中站起,亲昵地搂着她心爱的大猩猩微笑着向我们走来。在1983年4月15日给笔者的信中,她说:"我将奔赴另一个新的考察点,以继续完成拯救大猩猩的使命!"想到这里,心头不禁升起一阵悲凉、一阵敬意。

对于死,福茜想必早有预感。当眼看着自己和同伴们与偷猎者的矛盾冲突日益激化时,她曾告诫周围的同事:"倘若你们在营地里听到枪声或者失火等突发事件,不必为我和他人担忧,只要照看好你们自己!"这掷地有声的话语,出自一位因长期身处高山而患有严重肺气肿和多种严重病症的女子,可以看出她具有何等坚强的性格。她早已将生死置之度外了。

福茜曾向加尔迪卡斯透露过心底的隐秘——她唯一的愿望是最终在非洲的高山雨林中安息。从中我们可以体会到这位长年在猿群中艰苦考察的女性与强敌对峙,为孤独所苦,肉体上、心理上承受着何等沉重的压力。

福茜的死,在猿姑娘中间自然引起了极大的哀痛。加尔迪卡斯充满怀念之情地追忆起她的这位挚友,她写道:

> 黛安是我所钦佩的一位英雄……现实生活中绝大多数人往往妥协了其一生,黛安却拒绝妥协。对她来说,唯一紧要的事就是保护大猩猩。
>
> 即使对黛安怀有最深的恶意的批评家都不得不承认,她要比世上其他任何人都更熟悉大猩猩。当然,黛安从许多方面来看都变得活像一只大猩猩,以至于人们有时会产生疑问,是否哪位科学家一考察某一种灵长类动物,他自己就必定会开始像这种动物。以往只要她一

155

举行报告会,几乎总会有听众向她提出要求,请她发出大猩猩那样的叫声。每当此时,黛安总是乐于应从。也许可以说,她在情绪上已受到了大猩猩的熏染,因此变得温和而寡言少语。多年以来,她变得更喜欢隐居独处。与英国女考察家珍妮·古多尔和黑猩猩相处的情况不同,黛安的身边没有母亲,没有姊妹,没有丈夫,自然也没有子女,这难免使她的性格变得孤僻,甚至有时犯歇斯底里症。

据加尔迪卡斯分析,营地发生的这起仇杀案,是由于偷猎者想夺回福茜从他们身上取走的一张护符(据查,福茜的居室内除她的一张护照外没有丢失任何东西)。因为当地非洲居民信奉巫术,护符是他们护身的法宝,而福茜可能后来也多少信奉了这种巫术,她以为拿走了偷猎者的护符,就像攥住了他们的命根子一样。

加尔迪卡斯在回忆文章中最后说道:

福茜为大猩猩献出了一切。她没有白白死去。也许她的死将最终激起全世界去进一步拯救高山大猩猩。

对于福茜所极力主张的"主动保护"策略(即组织巡逻、防卫,摧毁偷猎者私设的陷阱和武器,直至对偷猎者施以严厉惩罚),各方面人士发表了不同的见解。福茜的挚友古多尔认为:"当福茜决定自行实施法律,试图靠自己个人去和偷猎者展开斗争时,她可能做出了错误的选择。然而她却以为这是唯一可以采取的方式。但是,我们有谁能去责怪她呢?我不知道,如果偷猎者威胁到我在贡贝的那些黑猩猩,我又将做何反应呢?"不少人认为,福茜从西方动物保护主义者的立场出发,对面临的这场斗争采取了某些过激的并且仅限于惩罚的手段,而没有采取对当地人民进行教育和引导的方式,以致引起局势激化。这个教训是值得记取的。

可以告慰逝者的是，福茜之后，又一位女考察家、加拿大的希考特不顾偷猎者的威胁，继续投入到了卡里索克中心的考察之中。她们决心加倍努力从事拯救大猩猩的工作。美国电影界也组织了强有力的班子，摄制了故事片《雾中的大猩猩》，其中扮演福茜的女主角以其出色的表演，再现了雨林女杰福茜的形象（此片获1989年度奥斯卡金像奖提名）。

福茜死后，她的遗体安葬于她曾生死相依的大猩猩的墓群中间。以后每逢福茜忌辰，都有相识或不相识的人来她的墓前凭吊。女杰墓的四周，有相继死去的她生前挚爱的猿朋友——"伯特大叔"、奎西等日夜陪伴着。萋萋青草悄悄地爬上坟顶，和那些鲜艳的小花一起，为这原本荒凉的一角平添了几分庄严和肃穆。福茜生前工作的小屋也已辟为博物馆，每年从世界各地来到这里的数千名游客争相攀登维隆加高山营地，以一睹大猩猩为快。

一座丰碑

一向被人称作"森林恶魔"的大猩猩的那些吓人的传说,究竟是真的还是被过分夸大了呢? 福茜通过她的实地考察,给我们做出了令人信服的回答。考察早期,她在《与高山大猩猩相处的岁月》一书中就曾这样写道:

> 我在观察中所了解的第一件事是,尽管大猩猩身体魁梧,过去有过许多关于它们凶暴地向人袭击的传说,可是实际上它们是最温和、最胆小的动物之一。就像其他所有野生动物一样,遭到袭击时,它们也会挺身自卫。然而在3000小时左右的野外考察中,我只遇到过几分钟的所谓侵略性行为。这些意外事件常常是由于年幼的个体离我太近,成年个体出于保护才发生的。所有这些逞威、发作的例子,结果证实都属于虚张声势。

不是别人,正是这位女灵长类学家,最后为我们解开了一两百年来关于大猩猩行为的这个谜(包括捶胸动作的实际意义)。

福茜在她的重要著作《雾中的大猩猩》里向外界揭示了大猩猩王国的神秘内幕,记载了她上万个小时的野外考察中所积累的珍贵的科学成果,包括近年来她的许多新的发现,例如群间转移、自相残杀以及使捕获的大猩猩重返自然等等。这些正引起学术界的极大兴趣。大猩猩研究方面的权威乔治·沙勒,对福茜的这部著作给予了很高的评价。他说:"在卢旺达的丛林里,黛安·福茜和高山大猩猩第一次亲密地握手的那一刹那,是在这种动物的研究史上一个十分重要的时刻。因为以往的传说中,总是把这种动物说成是桀骜不驯、极其危险的。"

在将近十九年的漫长岁月里,福茜和上百只大猩猩朝夕相处、相依为命,建立了深厚的情谊。即使和大猩猩短期的分离(比如回国进修、讲学),她也总是惦记着它们。她在自己的著作的扉页,写上了遭到偷猎者残杀的自己心爱的大猩猩的名字:

> 献给我所怀念的——
> 迪吉、"伯特大叔"、马乔和克韦利。

是的,她已把大猩猩看作了自己的生命。

正是由于她十多年的忘我工作和独到的观察,使她从当年一个无人知晓的普通的理疗大夫,成为举世闻名的灵长类学家、卡里索克大猩猩研究中心的负责人,她的名字和珍妮·古多尔、比鲁特·加尔迪卡斯等并列在一起。熟悉她的同行们,常常喜欢用"大猩猩姑娘"这样的美名来称呼她,她也把这称号看成是对自己的最高奖赏。

在福茜看来,帮助人类保护大猩猩这个物种,增加人类对自己遥远的过去的了解,是她义不容辞的使命。她并不看重自己所赢得的荣誉和地位,她憎恶那些对个人的名利过分追求的人,她以肩负这一拯救大猩猩的光荣使命而感到自豪。

是的,在科学探索的道路上,黛安·福茜将永远是一个不断进取的人,一个不断开拓的勇士。

在探索和拯救野生大猩猩的事业中,人们将永远记住这位女勇士。因为正是她,把自己的全部智慧和赤诚,把自己一生中最宝贵的年华以至生命,都献给了她所钟爱的这项事业。

在探索和拯救野生大猩猩的征途中,黛安·福茜用她的出色成绩乃至整个生命,为自己树立了一座丰碑。

159

猩猩"养母"和她的"子女"

　　夜幕笼罩下的加里曼丹雨林，万籁俱寂。浓重的夜雾夹着蒙蒙细雨，飘落到树下的一位年轻的金发女子身上。她裹紧了披在身上的毯子，抬头向二十多米高处的树梢张望——那儿的巢中有只正待分娩的母猩猩。突然，树梢的巢中一阵响动，母猩猩倚着树枝挣扎了好一会儿。不久，一股细流从这位女子头顶上方撒落下来。母猩猩经过长时间临产的痉挛后终于恢复了平静。一个小生命诞生了！

　　年轻女子这样在树下守候，已有一个半月光景了。在经历了这么长久的等待之后，分娩本身并不如想象的那样富于戏剧性。但灵长类学家在野外目睹野生猩猩的分娩，这毕竟是有史以来的第一次！

　　这是 1977 年 2 月的一天。这位年轻女子就是比鲁特·加尔迪卡斯（Birute Galdikas）。五年半前，当时她25岁，一位美国加利福尼亚大学人类学专业的研究生，就和丈夫一道来到这片荒无人烟的加里曼丹雨林，对猩猩这种一向被看作是不可捉摸的猿类进行考察。

　　就是她，日后成为闻名于世的灵长类学家，解开了人们对神秘的猩猩世界的许多疑团，为野生猩猩的考察写下了新的篇章。

她能追得上林中的猩猩

和猩猩生活在一起的加尔迪卡斯

加尔迪卡斯 1946 年出生于德国威斯巴登市,后来加入了加拿大籍,在美国受教育,攻读人类学、动物学和心理学等课程,对于灵长类特别感兴

163

猩猩"养母"和她的"子女"

趣。这位姑娘长着一对斯拉夫人的大眼睛，目光炯炯，匀称而又健美的身体饱含着无穷的精力，叫人看上去乐观而又自信。这是一位对科学富于献身精神的女性。那么，她又是怎样和猩猩打上交道的呢？

20世纪60年代，古多尔和福茜在非洲先后对黑猩猩、大猩猩进行考察以后，利基博士自然就想到了对猩猩的考察工作。这是大猿中当时研究得最少的一种，它们生活在亚洲的热带雨林深处。

1000年前，加里曼丹和苏门答腊的雨林还是猩猩的天堂，那里有成百万只猩猩自由自在地生活着。如果追溯到更早的年代，在中国云南、印度和爪哇都曾经生活过猩猩。然而好景不长，好奇的欧洲人刚一踏入这片神秘的密林，便成批地射杀猩猩，并把这当作"高尚的娱乐"，一名猎手可以在一天内接连打死3只猩猩！许多猩猩成了博物馆的标本。有一个采集家在一次赴加里曼丹的旅途中，就打死了43只猩猩。美国博物学家哈纳迪一人就拥有50余只猩猩标本。到了19世纪，这里的原始森林被成片砍伐，猩猩被逼进更加狭小的范围，加上猩猩的繁殖力很低（母猩猩4年才生育一次），幼仔死亡率又高，这使它们遭到了灭绝的威胁。

1961年，有人估计当时地球上活着的猩猩只有5000只左右（其中有1/3是关在笼内供人观赏的）。最近美国提出的当今世界濒临灭绝的十大物种名单中，就有亚洲的猩猩。有人担心如果不加以保护，21世纪下半叶的人将再也看不到活跃在野外的猩猩了！

猩猩是人类的近亲，它像一面镜子，可以照出我们远古祖先的影子，让我们了解到远古祖先生活的某些线索，因此是一项极珍贵的科学资源。"一定要加以抢救，尽快地派人去了解它们的内幕！"利基博士这样暗自思忖着。说来也巧，1969年他访问洛杉矶的时候，加尔迪卡斯正好在这个城市的加利福尼亚大学攻读人类学。交谈之后，利基博士立刻看中了她，觉得派这位姑娘去印度尼西亚雨林考察是再合适不过的了！望着这位姑娘富有生气的眼神和健壮的身材，老教授笑开了怀。以后他常半开玩笑地说："她甚至可以像猩猩那样，从一棵树吊荡到另一棵树，完全跟得上所要追寻的目标——猩猩！"不过这位导师向他的学生讲了个条件："我打算给你 10 年的时间去和猩猩接触，如果在这 10 年里你没做出什么成绩来，我就不再支持你了。"多年以后加尔迪卡斯回忆说："我们的进展比较快，幸好了解猩猩没有花去 10 年的时间。"

几乎任何一本有关灵长类的书都讲到，猩猩是生性孤僻、不合群的猿类。这些叙述使加尔迪卡斯心中顿时提出疑问：类人猿按理说是社会性很强的动物，为什么唯独猩猩这么特殊呢？

猩猩在雨林里究竟是怎样生活的？吃些什么？它们的家庭和社会结构是怎样的？它们的智力又怎样？这一连串的问题，整天在加尔迪卡斯的脑子里盘旋。虽然华莱士和哈里逊等人也曾做过考察，但毕竟时间太短，离揭开谜底还差得很远呢。

在忙于筹集资金的两年时间里，加尔迪卡斯如饥似渴地阅读了有关野生猩猩的各种资料。她还常去洛杉矶动物园，找一切机会接触和熟悉未来考察的目标——猩猩。它们一个个披着棕褐色的长毛（肩部的毛可以长达半米），长相十分古怪。它们的手臂相当长，两臂张开可以达到 2.2 米。猩猩就是靠这有力的双臂，在树林里吊荡自如、疾飞如燕的。母猩猩体重 40~80 千克，公猩猩则要大得多，可以达到 100 多千克。在 3 种大猿中，猩猩的个儿仅次于大猩猩。

在婆罗洲（今改称加里曼丹）达雅克人的传说中，雨林中的猩猩往往是所向无敌、膂力过人的"怪物"。"除了鳄鱼和蟒，不敢有任何生灵来侵犯它"，而猩猩却注定是胜利者，"它总是凭一身的力气就能将鳄鱼置于死地，骑到鳄鱼的背上，撕开它的嘴巴，扯断它的喉咙"。同样，蟒也不是猩猩的对手。

读着这些近乎离奇的传说，加尔迪卡斯觉得蛮有兴致。看来，遥远的雨林中的猩猩，和她眼前从洛杉矶动物园里所看到的那些安详温驯的同类，不是一副面孔。这多少为未来的考察增添了一点神秘的色彩。想到这里，她不禁高兴地微笑了。

165

　　为了使加尔迪卡斯了解古多尔的工作,利基博士特地让她去坦桑尼亚贡贝河畔黑猩猩的考察营地待了一阵子。在加尔迪卡斯和她丈夫出发之前,利基博士又热情地将他们和古多尔、福茜邀集在一起,在伦敦举办了一个午餐会。由于兴奋而显得满面红光的利基博士频频举杯,为这对未来的探险家饯(jiàn)行。

独到的发现

1971 年 10 月,25 岁的加尔迪卡斯和丈夫罗德(他们结婚才两年)一道,踏上了加里曼丹岛的土地。罗德是位计算机专家,人很能干,又擅长摄影。在后来的考察中我们可以看到,还多亏有了他的帮助哩!

这对夫妇带着各种给(jǐ)养跋涉 50 千米,来到了前哨营地——丹戎普廷保护区。这块地方属于低地密林,面积有 36 平方千米,它位于加里曼丹岛的南部。这里植物的种类之多,是地球上其他许多地方所无法比拟的。高大的乔木伸出粗壮的枝干,藤蔓、荆棘和灌木杂生在一起,散发着诱人的清香。走进浓密、潮湿的树荫里,在他们头顶上方是向远处伸展的绿色帐幕,几乎望不到尽头。四周静极了,只有从看不见的角落里偶尔传来的几声鸟鸣。在这里每行走一步都很困难,罗德不得不走在前面开路,一会儿在这儿折断一根树枝或藤条,一会儿又得在那儿用大砍刀劈断缠人的荆棘。走不多远,就会遇到一小片沼泽,暗黑的潭水散发着枯枝败叶所特有的气味。他们走了好久,才见到一条小河,清澈的河水欢快地流淌着,不时掀起白色的成串的水珠。"呵,这儿多美啊!"走得早已疲乏的他们俩,终于眉颜舒展,开心地笑了。

生活很快向他们提出了挑战,情况比他们想象的要更糟。沼泽由于久雨涨水,有齐腰深,简直无法通行。尽管这儿离赤道很近,可是冰冷的积水却使他们冻得手脚麻木,身体也因沼泽中的丹宁和毒素而引起过敏。走出沼泽,往往又是高温和闷热,让人难以忍受。一路上,那些贪婪地吸着人血的蚂蟥时常钻入袜子和脖颈里,并且一直侵入内衣内裤,叫人无法招架、苦恼不堪。营地里有一间伐木者留下的小茅屋,简陋得叫人难以相信,四周用树皮作墙,顶上盖的是茅草。外边雨停了,屋里还会漏个不停。他们使用的唯一的交通工具是一只独木舟(后来才从有限的经费中抽出一些钱,买了一艘摩托艇)。为了给考察开辟道路,夫妇俩不得不首先进入森林砍树。谁料到,当加尔迪卡斯举起大砍刀去斩断一根藤条时,不小心伤到了左腿,鲜血直流。加尔迪卡斯在考察的头几个月,每天都要这么费尽周折,才得以走进森林去跟踪猩猩,观察它们如何采食、如何在树林里漫游和筑巢。

几个月后的一天,在离加尔迪卡斯不到10米的深草丛中,一只猩猩正小心翼翼地跨过已长出青草的稻田向另一边的树丛中走去。加尔迪卡斯猛然站住,仔细观察着这一幕情景,她简直不敢相信自己的眼睛了。因为近一百年来,学者们都将猩猩称作"林中人"(即纯粹树栖的动物),而今天的所见却告诉她,野生猩猩有时会到地面活动。这种情况她以后又遇到多次。她发现,猩猩有时在地上可以待上6个小时,甚至走出雨林之外,到达离它们的"住家"较远的地方!一次,有一只猩猩甚至在地面上午睡,躺在一根折断了的小树上。这些发现,使加尔迪卡斯喜出望外,几个月来的辛苦和劳累,顿时消失得无影无踪了。

但是给加尔迪卡斯印象最深的却是另一次。一天,太阳烤得炙人,她正穿过干稻田,沿着雨林间的小路走去。突然,一只大个儿的雄猩猩低着头迎面慢步向她走来。猩猩显然察觉有人在场,向她打量了一会儿,然后停下,在小路一端、离她不到4米的地方死死地盯着她。谁都会知道,当大猿向你凝视时,会是个什么样的结局。怎么办?这狭窄的小路被两旁高大的乔木恰好挡得进退不得,连头顶上也被遮天蔽日的藤蔓封闭了,简直像是待在地道里一样,真是无处可逃了。"但是说来也怪,我一点也不害怕,"加尔迪卡斯回忆当时自己的心情说,"我只是很惊奇,在一线阳光的映照下,猩猩身上闪闪发亮的赤褐色长毛,看上去是多么漂亮啊!"虽面临窘境,却仍然有兴致去欣赏自己对手的外表,这确实是要有些胆量的。

突然,这只猩猩一个急转身,沿小路踏着碎步扬长而去。这次奇遇,似

狭路相逢

乎证实了野生猩猩同样是温和的看法。可是，当加尔迪卡斯回到营地讲述这件事后，一位工人却告诉她，他的一个亲戚曾经和一只雄猩猩遭遇，结果给咬掉了半只手，脚也受了重伤。原来，他的这位亲戚当时是带着猎狗去打猎的，所以激怒了猩猩。

平常他们夫妇俩在简陋的小木屋内自己动手煮米饭吃，佐以沙丁鱼罐头和香蕉，还养成了喝茶的习惯。连绵不断的阴雨，使他们俩的衣服总是湿漉漉的，加之长期在雨林中穿越，变得破烂不堪了，鞋子也裂了口。原本就不多的裤子，有一条却因疏忽大意而烤焦了，这更使他们捉襟见肘。要知道在繁华的大都市生活时，他们俩都西装革履，十分讲究，如今却判若两人了。然而，尽管有蚁类、蚂蟥和偶尔光顾的眼镜蛇的骚扰，他们却尝到了自由与宁静的乐趣。

他们每两个月才到附近镇上去一次，采购急需的食品和生活用品。航空邮件从美国到达加里曼丹，需时长达3个月之久。在最初的6个月里，加尔迪卡斯曾写给她在加利福尼亚州的母亲不下5封信，可是连一封信也没寄到。所有这一切，使她不禁感到，自己仿佛成了当代的鲁滨孙，置身于一个与现代文明隔绝的孤岛。她何尝不知道干燥柔软的钢丝床的安逸和舒适，牛排和奶油冰激凌的香美可口？但要让她就这些享受和目前自己所处的环境两者之中做一个选择的话，她偏爱的还是后者。她知道，她早就向往和钟情于这片神秘的雨林——晴空下它苍莽葱郁，和风中不时会传出森林独有的絮语和迷人的乐章。每天一清早，她必能听到林间长臂猿那高亢、悠扬的鸣叫声，她正是听着这声召唤而起来开始一天的工作的。那些长久蜷缩在摩天大楼里、享受着现代文明的人们，又有谁领略过这样的情趣呢？！加尔迪卡斯常用这样的话来赞美自己的生活："我喜欢独自一人置身于森林之中，这多少赋予了我某种神秘的感觉，在这种情境下好像宇宙的一切全都改变了。"

让小猩猩重返自然

　　为了保护濒临灭绝的猩猩，印度尼西亚林业部门一直严令禁止捕捉野生的猩猩，一旦见到被捕猎的猩猩就予以没收。不久，林业部门征求加尔迪卡斯的意见，是否愿意在他们所在的丹戎普廷保护区建立一个猩猩养育中心，让没收来的小猩猩经过一段时期的训练，然后返回野外密林中去。这样不仅可以拯救一批珍贵的猩猩，而且也为他们的研究提供了一个很好的机会，所以加尔迪卡斯立即答应了。

　　从小离开了母亲的小猩猩，既不懂如何觅食和筑巢，又不会保护自己。如果不给予帮助，这些不幸的小生命就会死于饥饿和疾病。加尔迪卡斯的任务，就是教它们学会怎样在森林中独立谋生。

　　来到营地的第一个小客人，是1岁的苏吉托。通常1岁半以前的小猩猩总是始终紧搂着妈妈，现在它把加尔迪卡斯当作了自己的妈妈，甚至当加尔迪卡斯把它从身体的这一边挪到另一边时，它也要抗拒和嗥叫。给它换衣服，它总是要一边拽住衣服一边尖叫。晚上，它蜷缩身子紧挨在加尔迪卡斯的身边睡觉，甚至当她在河里洗澡的时候也不愿离开。对付它，比最不听话的孩子还要麻烦。慢慢地，这只小猩猩已经能乖乖地听"母亲"的话了。

　　塞姆帕克是一只7岁的小猩猩，原先曾由一对年老的夫妇收养。进养育中心后，它就显出了自己的聪明和智慧。它虽然不精通在森林里谋生的那套本领，可是使用工具却十分灵巧。它会坐在那儿，伶俐地摆弄它所够得着的每一件东西——从盘子、杯子到身边的猫。它还喜欢用棍子挖洞。

171

有一次,它甚至制成了一件粗糙的工具:将地上的一根长枝条折成两段,然后除去一端用来挖土。更令人惊奇的是,它竟会学着别人的样子来做饭菜:先舀一撮糖和面粉放到玻璃杯中,然后找到藏鸡蛋的地方,拿出一只鸡蛋敲碎后倒进杯子里,再剧烈地搅拌。它的动作简直和营地的一位女厨师做馅饼的动作一模一样!这说明猩猩这种聪明的猿类,有善于模仿的能力。

后来,加尔迪卡斯收养了越来越多的小猩猩。可是,这些猩猩和人混熟后,变得特别淘气,茅屋里几乎没有一件东西不留下它们的牙印。它们拖走这里存放的衣服、书和伞,拿去当筑巢的材料用。它们时常喷水作乐,或者把盐倒进茶杯里,或在咖啡杯里塞进一只臭袜子。正如加尔迪卡斯所说的那样:"这些猩猩是在尽力发挥它们高度发达的智力……这是一场无休止的智斗,而胜者必定是它们!"

到了晚上,许多小猩猩跟在塞姆帕克的后面,鬼鬼祟祟地爬上小木屋的梯子,闯进加尔迪卡斯的卧室。当夫妇俩夜里醒来时,总是有三四只猩猩和他们挤在一张床垫上。一到雨天,一只叫阿克默德的小猩猩,还要不时地从屋顶的窟窿钻出小脑袋,为的是看看外面是否还在下雨。加尔迪卡斯这样写道:

> 我的考察生活很有趣,但也是艰苦危险的,须知我是和类人猿生活在一起,过着一种和野猿相似的生活。我和5只小猩猩睡在一张褥子上,这使我感到有时是被一群没有礼貌、不懂规矩的棕褐色野孩子包围着。它们会使用工具,爱穿小衣服和小袜子,喜欢大块的食物和罐头,总怀有一种无法满足的好奇心,它们总是喜欢得到人类的宠爱……

起初,加尔迪卡斯以为,收养的小猩猩一旦放了出去,一定会急于跑入雨林里去的。可是事实不是这样。他们所释放的第一只猩猩辛那加,放走后却天天回到营地索取食物。这只4岁半的猩猩在放出一个月后,大约是

"同床共枕"

因为终于找到了足够吃的野生果实和嫩叶,就再也不回营地了。

1974年6月,加尔迪卡斯住进了新建的坚固的木屋里。这时旧茅屋也被猩猩们拆毁了,它们无家可归,只得进入雨林里去生活。苏吉托等猩猩也学会了在树林里筑巢。就像见到子女们最终毕业了一样,加尔迪卡斯不禁感到了作为"养母"的自豪。

最初10年内,加尔迪卡斯创立的养育中心收养了七十多只小猩猩,除了防止偷猎者的非法捕猎和交易外,还成功地将它们大部分放回了雨林,使它们重新返回大自然。有些猩猩一时找不到食物,偶尔还回到营地的饲养站来。后来,当年收养过的阿克默德,还在雨林里生下了小宝贝。加尔迪卡斯的不少猩猩"养子"在野外长得挺壮实,使她不由得感到十分欣喜。

琢磨猩猩的脾性

按理说，灵长类是社会化的群居动物，然而猩猩为什么却表现特殊，总是比较孤独呢？这种性格又是怎样形成的？从考察一开始，加尔迪卡斯就想解开这个谜。

要找到这个问题的答案，需要耐心地观察，需要有可靠的事实和数据。加尔迪卡斯知道，要熟悉森林中的猩猩，就要走进它们之中去。只有通过长期的接触，打消了猩猩的恐惧和疑虑，让它们把她看作同类了，才能真正掌握到真实的情况。所以她每天一清早就外出搜寻猩猩的踪影，一边走，一边倾听四周的动静。因为树林里枝叶蔓生，藤蔓缠绕，遮天蔽日，所以她往往要凭猩猩在树林里折断树枝或吃果实时丢下果壳的声音，才能发现它们的身影。一旦发现，她就要跟踪到底，直到它们夜间筑巢为止（据观察，猩猩都将巢筑在大树上，离地高度为 8~12 米，最高的可达 20 米，而且每晚都建新巢，可能是因为它们生性谨慎，怕虎的侵犯）。第二天清早，她接着回到原地，争取在日出之前、猩猩未出巢时见到它，然后再次追踪和观察这只猩猩的行为。她的考察记录，就是按这种方式，日复一日、年复一年地积累而成的。

通过长年这样的观察，加尔迪卡斯终于对猩猩的生活个性有了较全面的了解。野外观察的结果，要比教科书上刻板的叙述复杂得多，也有趣得多。她发现，雨林中的成年雄猩猩相互间很少交往，总是独自漫步和寻找食物；成年雌猩猩呢，它们有时三五成群地集体行动，一起漫步或采食，更经常的是和她未断奶的孩子过着小家庭的生活；而未成年的猩猩（包括年轻的雌猩猩和雄猩猩)却喜爱交际,经常凑在一起嬉戏,精力充沛地表演它们的拿手好戏,也许因为它们势单力薄,需要结成联盟。

加尔迪卡斯常看到杰季娜、麦德和法恩 3 只未成年的雌猩猩结伴旅行、玩耍、互相捋毛和修饰。而当杰季娜生下幼仔后,就不再和麦德、法恩交往了,还常常袭击别的猩猩。当这些小猩猩生下不久时,它们常常抱着母亲的脖子,骑在背上。母亲呢,则时常拖儿带女,吃力地在树上爬行。

成年雄猩猩为了争夺雌性,就会挑起争斗。有一次,加尔迪卡斯正在林间,远处突然传来长长的瘆(shèn)人的嗥叫声,原来是雄猩猩尼克和瑞尔弗发生了厮打。它们时打时歇,中间休战时,则互相盯着对方。后来,"败将"尼克溜了,瑞尔弗则冲着它的背影发出一连串胜利者的长叫声,然后带着它的情侣毕兹走进了密林深处。8 年里,加尔迪卡斯曾观察到这类

情场打斗

为争夺雌性而发生的情场打斗 3 次,每次都有发情的雌猩猩在场。除了这种场合,成年雄猩猩是尽量避免接触的。

据观察,雄猩猩有时会把人当作情敌。有一天,当加尔迪卡斯正打算

175

走近雌猩猩尼西时，尼西不安地噘嘴，喘着粗气，然后尖叫着走进林子里。这时吊在头顶上方树藤上的尼西的丈夫尼克突然跳向地面，扑到加尔迪卡斯面前。一百来千克重的尼克怒目圆睁，像是要把面前的金发女郎撕得粉碎！加尔迪卡斯只得低垂下眼睛，一动不动地等待着命运的宣判。时间像凝固了一般。后来，紧张的 30 秒钟过去了，尼克丢下对方，独自走进了密林。这时，加尔迪卡斯才长长地松了一口气。

在三年半的连续观察中，加尔迪卡斯只见到过两次成年雄猩猩之间的接触。她曾连续 23 天跟踪一只叫“喉囊”的成年雄猩猩，只发现它和其他猩猩（而且都是母猩猩和它们的子女）见过 4 次面，并且相处时间总共才几个小时。除了和配偶相处以外，它们总是独来独往。

加尔迪卡斯在谈到以上这些观察结果时感慨地说：“统计数字是出来了，可是我们在那儿待了多长的时间啊！我们亲眼看着它从一只年轻的雌性长成一只完全成年的雌性。”

那么，为什么猩猩的个性比较趋向于孤独呢？据加尔迪卡斯分析，这是因为猩猩的生活环境（低地雨林）比较特殊，那里的食物资源（如无花果、红毛丹、杧果、蜂蜜等）比较分散，不适宜集体采食，因此只好单干。

教猩猩"说话"

　　加尔迪卡斯现在成天被一群猩猩包围着，她时常拉着猩猩的手，走进密林进行考察。身材魁梧的雄猩猩尼克，现在会当着她的面在地上悠然自得地嚼着白蚁。"这一切是真的吗？"她时常这样问自己，并且不禁回想起刚踏上这片保护区时的情景：当猩猩在野外森林里看见他们时，便大声地呷嘴，并且用树枝、圆木投向新来的生客。如今，她已赢得了附近几十只猩猩的信任，而且它们把她看作自己的好朋友了。

　　多年来和猩猩朝夕相处，有时候使这位考察家感到"人和猿类之间的界限都变得有些模糊了"。幸好在 1976 年，加尔迪卡斯的男孩彼恩在营地降生了，这恰好给了她一个机会，可以亲自观察一下在出生后早期阶段猩猩的婴儿与人的婴儿在行为和智力方面究竟有些什么区别。于是她同时抚养了一只一岁多的雌猩猩——"公主"，用来做对照。试验结果使她相信，在出生后的第一年里，人的婴儿和猿的婴儿的差别就已经十分明显了。

　　"公主"只知道搂着它"妈妈"（即"养母"加尔迪卡斯），见到什么东西，除了咬几下或放到头上外，就不再感兴趣了。对于它来说，生活中的主要兴趣就是食物。男孩彼恩呢，他对食物并不特别喜好，除非十分饥饿，不然他会将自己的食品全部慷慨地扔给"公主"。当有人在他面前使用物体和工具时，他就专注地盯着，并且仿效着去做。他对周围世界总是充满了兴趣和好奇。

　　在彼恩头一年的生活中，就已经显露出人类所独有的许多特性：用两条腿走路，分享食物，运用工具，以及咿呀学语等，这些使他和同年龄的猩猩有明显的区别。比如,"公主"除了只会发出两声尖叫外,平常总是默不作声。

在智力上,猩猩与黑猩猩、大猩猩是不相上下的。当加尔迪卡斯想到黑猩猩沃休和大猩猩柯柯在实验室里经过训练都已经掌握了手势语,而唯独还没见到猩猩成功的例子时,就打算做个尝试。不久,她邀请曾教过沃休手势语的加雷·夏皮罗博士来到营地,开始了在猩猩的天然栖息地教授其手势语的试验。

第一只受试的是成年雌猩猩伦尼。加雷先生每天教它 1 小时的手势语。它最初的成绩令人惊叹,在几周内,就学会了使用某些手势语,并且能连贯起来向人乞讨食物,或者请求别人抚摸。

当伦尼感到饥饿时,它会钻进帐篷里的储藏室,将那儿的钥匙递给加尔迪卡斯,催促她去取面包或糖果来给它吃。有一次,加尔迪卡斯拿出自己的照片放到伦尼的面前,这时它立即把手指向加尔迪卡斯,意思是说:"这是你!"

加尔迪卡斯曾经这样描写首次成功所带给她的喜悦:

> 当伦尼做出"再给点食物"或者"加雷,给我一些吃的!"等手势语时,我顿时由于兴奋而战栗,此时此刻的心情是难以用语言形容的。然而,当问到它"你是谁?"它竟回答"甜食"时,又不禁使我捧腹大笑。

"公主"是又一只受试的猩猩,它当时才满3岁。它使用手势语比伦尼更为贴切,似乎应用范围更加广泛。加雷戏谑(xuè)地称"公主"是他的女儿。他天天背着它,教它手势语。

彼恩和"公主"成了一对最好的伙伴。当他们被放进同一只浴盆内时,"公主"用手臂使劲拽住彼恩的胸部,不让他走。彼恩呢,又处处模仿"公主",学"公主"的表情、声音和动作,而且像猩猩那样抓着树干往上攀,甚至还会咬人哩!当他妈妈加尔迪卡斯去抱他时,他会像野生猩猩那样伸出两

"这是你！"

只胳膊轻松地挂在树上。他见到"公主"时，还会用手势语和它交谈。当眼看着彼恩很快成长起来时，这一切不免让加尔迪卡斯有点儿担心起来，生怕他过多地沾上了动物的"野性"。

两只受试的猩猩一年里就学会了二十多个手势语单词。这个进度和同龄的大猩猩、黑猩猩相比，并不逊色。通过加尔迪卡斯等人的工作，人们发现以往一直被看作比较呆滞、孤僻的猩猩，原来在智力上还有很大的发展潜力呢！而以往的那些印象，也许和它们长期被囚禁在动物园的笼子里有关。

1979 年，罗德返回加拿大，从此离开了和他在热带雨林中厮守了近八年的妻子加尔迪卡斯。罗德早年梦想成为一名直升机飞行员，可是由于长期服用抗疟疾药引发了视网膜脱落。他以为如果继续待在雨林里对于他

彼恩和"公主"

的职业不会有多大帮助。当他们俩分手时,罗德说出了长久积压在心头的话——加尔迪卡斯爱猩猩要胜过爱他。同机离开的还有他们在雨林里生下的爱子彼恩(因为他们始终担心彼恩会被雨林里的野猪吃掉)。当父子俩双双登机离去时,加尔迪卡斯伫立在机场跑道上,热泪止不住地流满了她的双颊。

猩猩"养母"和她的"子女"

雨林新秀

　　加尔迪卡斯虽不是考察野生猩猩的第一个人,但从她考察的深度和持续的时间来说,却是世界上头一个。仅到 1980 年年末,她就已经在野外连续观察了 12000 个小时以上。到 1999 年,她的这项考察已持续了 28 个年头并仍在进行,这在野生猩猩的研究史上是没有先例的。

　　她将自己的考察成果,写成了《印度尼西亚的"林中居民"》《猩猩在普廷保护区的适应:求偶和生态学》《与褐猿相处的岁月》等多篇论文,并在美国《国家地理》等刊物和论文集上发表。加尔迪卡斯的名字,和古多尔、福茜的名字一起,已为各国动物爱好者所传诵。1976 年 5 月 5 日,利基基金会理事会在美国召开了一次别开生面的座谈会,邀请她们三人到会。在这首次在美国欢聚的盛会上,加尔迪卡斯和另两位"猿姑娘"一起,畅谈了自己多年来的考察成果以及长年深入热带雨林所领略的甘苦。

　　正是依靠长年不懈的努力,加尔迪卡斯在野生猩猩考察领域取得了许多重大成果。她使人们了解到猩猩社会内部是个什么样子以及猩猩的行为个性、配偶规律、使用工具和智力等方面的种种情况,而这些过去是很少为外界知晓的。正是她,为这一领域的研究填补了大量的空白,为野生猩猩研究谱写了崭新的篇章。而且,她还记录了猩猩采食的 300 多种不同的植物并一一加以描述和整理,同时调查了雨林里 5000 棵树木的生长情况,为拯救这种将要灭绝的珍贵猿类做出了重要贡献。

　　如今,加尔迪卡斯是猩猩研究和保护中心的负责人,兼任美国新墨西哥大学教授,继续关注着野生猩猩的考察工作。不过,今天她再也不是孤军奋战了。在考察队员中,不仅有印度尼西亚和北美的大学生、当地园林局的职员,并且还有土居的达雅克人。多年来她所收养的近百只猩猩,都已纷纷返回雨林,返回它们栖息的老家,有的都已经有了后代。加尔迪卡斯自然也就成了它们的"养祖母"了。每每想到这里,她不由得一阵自豪和欣慰。

罗德离她而去以后,加尔迪卡斯又和她的一名当地助手结了婚,并有了两个孩子。当年年轻的金发女郎,如今已人到中年。是她,把自己一生中最美好的年华献给了异国的茫茫雨林。正如她自己所表白的,"我在雨林中度过的成年阶段生活的主要内容,除了猩猩,还是猩猩……我们看着它们出生,看着它们死去,从旁边观察着它们的一切"。

有人认为,加尔迪卡斯这么干太傻,付出的代价太大,认为凭她的学识和才能、美貌和气质,本可以谋取一个挺不错的职业,过上一辈子安逸的生活的。这些人中就有她的母亲。她始终怂恿女儿放弃考察事业,到法学院去谋个"好差使",可是加尔迪卡斯却做出了响亮的回答:"决不!"她自认为,她的家不在别处,而正是在加里曼丹雨林!

是的,神秘的加里曼丹雨林才是加尔迪卡斯事业和理想的归宿。这里有她所喜爱的一切,有她青年时代起就孜孜追求的目标。而且她感到,以往自己还只是观察了猩猩个体生命中的一个片断,她决心要追寻猩猩从生到死的全过程(猩猩的寿命在人工饲养条件下可达到57岁)。

是呵,在加里曼丹雨林这个猩猩的家乡,还有干不完的研究工作在等着她哩!

猩猩"养母"和她的"子女"

附：猿姑娘的来信

珍妮·古多尔的来信①

727 邮政信箱

达累斯萨拉姆

1983.10.18

亲爱的张锋先生：

接读来信我是何等的高兴。以前我未曾函复，真感到万分抱歉。我在贡贝的考察确实非常忙碌，目前正在对黑猩猩行为进行分析，以便将我长期以来的科学活动撰写成书。该项工作至今未告完成，以至于我依然终日忙碌！书信必须搁至午夜方能下笔——这封信也不例外。

遗憾的是我对贵国的访问已推迟了②。邀我访问的那个人，适值我唯一能去贵国的时刻返回了美国。然而我依然渴望访问贵国。此行一旦成为可能，我定会告诉你的。同时，让我们保持联系——我祝愿你万事如意，

---

①1980 年，作者在他与合作者翻译的古多尔著作《黑猩猩在召唤》出版后不久，写信把这个消息告诉了古多尔。古多尔委托利基基金会主任代致了谢意。不久之后，作者在获悉古多尔将于近期访华的消息后，再次给古多尔去了一封信。这是古多尔收到作者第二封信后的回信，作者于 1983 年 11 月 14 日收到。

②1998 年秋天，古多尔应邀首次对中国进行了访问，并向一部分自然保护工作者做了专题演讲，引起了国内同行们的极大兴趣。

编辑工作顺利。

对于你至感亲切的来信,再次表示我深深的谢意——并且我确信,我们将会很快见面的!

你最诚挚的

珍妮·古多尔

(亲笔签名)

适闻正有人去贵国！所以我希望你能接读此信。明天我将去贡贝——我如此热切地期盼着!

J.G.(珍妮·古多尔缩写)又及

黛安·福茜的来信[①]

兰辛 N.公寓 21-1A

伊萨卡　纽约　14850

1983.4.15

亲爱的张小姐[②]:

接读 3 月 18 日来函,深表谢意。信中谈及你对非人灵长类的关注,以及你为中国年轻公众所撰写的文章——尽管我无法读懂它们。

珍妮·古多尔(她是我的挚友)曾写信告诉我说,由于她在黑猩猩方面所做的出色工作,将应邀于年内访问中国……

我的卡里索克研究中心营地,在我多年来培养的新一代研究人员的努

185

---

①1983 年 3 月 18 日,作者给福茜写了封信,想请她谈谈最新的研究进展以及自己是如何走上科学考察之路的。1983 年 4 月 15 日,福茜就给作者回了这封信。

②福茜可能是从作者来信笔迹上做了揣摩而误认为张锋是位女性,故称其为"张小姐"。

力下，正不断取得进步。你大概知道，我在美国已待了两年半，这是13年来第一次中断了考察，因为我的骨骼和牙齿由于纯粹饮食上的缘故，而出现疏松症状。我现正欲返回我的考察营地，6月份即可抵达目的地。

你信中问及有关我考察工作的一些细节。请允许我向你强调这样一点，即当仅有我本人和几位卢旺达人一道与大猩猩相处，为拯救这一濒危物种而进行工作，而四周尚未围住一大群人的那段日子，才是我感到最为愉快的时光。现在——天晓得！——所有的人都以为只要一到维索克山（那儿建有我的营地），以为只要照了几张相，似乎就能拯救大猩猩了。而对另一些偏远的、至今仍栖息着大猩猩的地点却不屑一顾——因为去那些地点就意味着干不完的工作。

我以自己有幸成为研究高山大猩猩习性的一名先行者而深感自豪。我的那些追随者并未提出任何真正的挑战。我并不喜欢此类人，并确信我需要奔赴另一地点，以努力保护大猿中这一体型最大的种类，而无须受旅游者的骚扰——这些旅游者全都把自己比作真正的"人猿泰山"①一类的人物。

再次感谢你的来信。祝你在研究中取得成功，诸事顺利。你是理应得到这一切的。

您诚挚的

黛安·福茜

（亲笔签名）

卡里索克研究中心负责人

---

①早期美国影片中的一个角色。

比鲁特·加尔迪卡斯的来信

来信之一①

猩猩保护与研究中心

加里曼丹　印度尼西亚

1983.7.25

亲爱的张博士：

感谢你 5 月 23 日的来信，我是在 6 月中旬就很快收到的。我甚感快慰地获悉，你和同事们关注着我所从事的猩猩考察工作。我以急切的心情期待着你的第二本书和《新观察》杂志。

遗憾的是，我在野外，未带来我大部分论文的重印本。当我 1984 年年初(1—4 月)返回北美期间，我将乐于寄赠部分资料。

但愿有一天我能为贵刊写一篇科学论文。你看这行吗？不用说，我既不会读也不会写中文，所以论文只能用英文写出，而后再译成中文。

在近期《利基基金会通讯》上，提到了珍妮·古多尔博士将访华的消息。

对于你的关切再次致以诚挚的谢意。一旦获得我的著作之重印本，我将立即寄赠。

你诚挚的

比鲁特·加尔迪卡斯

（亲笔签名）

---

①1983 年 5 月 23 日，作者给加尔迪卡斯去了第一封信致以问候，并寄去了《新观察》杂志(载有作者写的关于猿姑娘的报道)和作者本人的著作。同年 7 月 25 日，加尔迪卡斯便给作者回了这封信。

来信之二①

考古学系　291-3135

西蒙·弗雷泽大学

加拿大

1986.4.25

亲爱的锋博士：

　　获知你已将我的若干篇论文译成中文，对此深表谢意。我甚为珍视你亲赠的杂志。你能将此种杂志再寄给我一些吗？随信寄去我近期的几篇论文，以及我的女儿②于去年出生时的洗礼卡。对于你的支持和关心我深表感激。

你诚挚的

比鲁特·加尔迪卡斯

（亲笔签名）

访问副教授

①从加尔迪卡斯的第一封来信中得知她愿意为自己所主持的《化石》杂志亲笔撰文的消息后，张锋同志十分高兴，立即回信表示极力支持，并请她谈谈自己的成长之路以及考察工作中如何面对并克服重重困难险阻的。1986年4月25日，在收到作者的来信和所寄《化石》杂志后，加尔迪卡斯便给作者写了这第二封信。

②加尔迪卡斯投入加里曼丹雨林考察后生下的第二个孩子（生日洗礼卡略）。第一个孩子是男孩彼恩。